125 款經典烘焙食譜 STEP-BY-STEP
圖解蛋糕

Boulder Media 大石文化

125 款經典烘焙食譜 STEP-BY-STEP

圖解蛋糕

卡洛琳‧布萊瑟頓——著　鍾慧元——譯

Boulder Media　大石文化

圖解蛋糕：
125 款經典烘焙食譜 STEP-BY-STEP

作　　者：卡洛琳・布萊瑟頓
翻　　譯：鍾慧元
主　　編：黃正綱
資深編輯：魏靖儀
文字編輯：許舒涵、王湘俐
美術編輯：吳立新
行政編輯：秦郁涵

發 行 人：熊曉鴿
總 編 輯：李永適
印務經理：蔡佩欣
美術主任：吳思融
發行副理：吳坤霖
圖書企畫：張育騰、張敏瑜

出 版 者：大石國際文化有限公司
地　　址：台北市內湖區堤頂大道二段 181 號 3 樓
電　　話：(02) 8797-1758
傳　　真：(02) 8797-1756
印　　刷：沈氏藝術印刷股份有限公司

2017 年（民 106）8 月初版
定價：新臺幣 600 元
本書正體中文版由
2012 Dorling Kindersley Limited
授權大石國際文化有限公司出版
版權所有，翻印必究
ISBN：978-986-95085-4-4（精裝）
＊ 本書如有破損、缺頁、裝訂錯誤，
請寄回本公司更換

總代理：大和書報圖書股份有限公司
地　　址：新北市新莊區五工五路 2 號
電　　話：(02) 8990-2588
傳　　真：(02) 2299-7900

國家圖書館出版品預行編目（CIP）資料

圖解蛋糕：125 款經典烘焙食譜 STEP-BY-STEP
卡洛琳・布萊瑟頓 著；鍾慧元 翻譯 .-- 初版 .--
臺北市：大石國際文化，
民 106.8　　192 頁；19.3× 23.5 公分
譯自：Step-by-step cakes : visual recipes with
photographs at every stage
ISBN 978-986-95085-4-4（精裝）

1. 點心食譜
427.16　　　　　　　　　　　106012450

A WORLD OF IDEAS:
SEE ALL THERE IS TO KNOW
www.dk.com

目錄

濃情巧克力

巧克力榛果布朗尼
第182頁

25分 12-15分

選擇合適的食譜

三層巧克力蛋糕
第42頁

15分 30-35分

巧克力巴西堅果蛋糕
第38頁

25分 45-50分

黑棗乾巧克力點心蛋糕
第70頁

30分 40-45分

巧克力蛋糕
第40頁

30分 20-25分

黑森林蛋糕
第80頁

55分 40分

西洋梨巧克力蛋糕
第43頁

15分 30分

酸櫻桃巧克力布朗尼
第186頁

15分 20-25分

巧克力法奇蛋糕
第46頁

40分 30分

烤巧克力慕斯蛋糕
第48頁

20分 1小時

義大利杏仁餅巧克力捲
第78頁

25-30分 20分

栗子巧克力捲
第76頁

50-55分 5-7分

巧克力杯子蛋糕
第100頁

20分 20-25分

巧克力法奇蛋糕球
第104頁

35分 25分

巧克力熔岩蛋糕
第114頁

20分 5-15分

巧克力千層派
第92頁

2小時 25-30分

果香馥郁

藍莓翻轉蛋糕
第56頁
15分　40分

櫻桃杏仁蛋糕
第57頁
20分　1時30分－
　　　1時45分

櫻桃燕麥棒
第180頁
15分　25分

豐盛水果蛋糕
第66頁
25分　2時30分

清爽水果蛋糕
第71頁
25分　1時45分

李子布丁
第72頁
45分　8–10分

天使蛋糕
第20頁
30分　35–45分

覆盆子奶油熱那亞蛋糕
第22頁
30分　25–30分

玉米粉檸檬蛋糕
第36頁
30分　50–60分

選擇合適的食譜

檸檬藍莓馬芬
第116頁
20-25分 15-20分

德式蘋果蛋糕
第50頁

30分 45-50分

巴伐利亞李子蛋糕
第58頁
35-40分 50-55分

香蕉麵包
第60頁
20-25分 35-40分

覆盆子奶油蛋白霜脆餅
第134頁
10分 1小時

夏日水果千層派
第93頁
2小時 25-30分

草莓鮮奶油法式馬卡龍
第158頁
30分 18-20分

草莓鬆糕
第125頁
15-20分 12-15分

孩子最愛

香草鮮奶油杯子蛋糕
第96頁
20分 20-25分

翻糖小蛋糕
第102頁
20-25分 25分

無比派
第108頁
40分 12分

草莓鮮奶油無比派
第113頁
40分 12分

薑餅人
第148頁
20分 10-12分

蘋果馬芬
第119頁
10分 20-25分

榛果葡萄乾燕麥餅乾
第140頁
20分 10-15分

白巧克力夏威夷豆餅乾
第143頁
25分 10-15分

香料胡蘿蔔蛋糕
第33頁
20分 30分

巧克力杯子蛋糕
第100頁
20分 20-25分

選擇合適的食譜

12

迅速亮眼

馬德蓮
第120頁
15-20分 10分

威爾斯小煎餅
第126頁
20分 16-24分

瑞典香料餅乾
第150頁
20分 10分

朵尼思脆莉
第152頁
20分 15-20分

瑞士捲
第24頁
20分 12-15分

開心果蔓越莓燕麥餅
第142頁
20分 10-15分

蛋白杏仁餅
第154頁
10分 12-15分

肉桂星星餅
第151頁
20分 12-15分

巧克力熔岩蛋糕
第114頁
20分 5-15分

巧克力馬芬
第118頁
10分 15分

日常蛋糕
everyday cakes

維多利亞海綿蛋糕

這大概是最具代表性的英式蛋糕了。成功的維多利亞海綿蛋糕應該膨脹均勻、潤澤又輕盈。

6-8人份　30分鐘　20-25分鐘　未夾餡可保存4週

特殊器具

2個 18cm的圓形蛋糕模

材料

175g 無鹽奶油，軟化，另備少許塗刷表面用

175g 細砂糖

3顆蛋

1小匙 香草精

175g 自發麵粉

1大匙 泡打粉

夾心部分

50g 無鹽奶油，軟化

100g 糖粉，另備少許在上桌時使用

1小匙 香草精

115g 優質無籽覆盆子果醬

1. 烤箱預熱至180°C。蛋糕模型內抹油，並鋪上烘焙紙。

2. 奶油和糖放在大碗內打2分鐘，或打到顏色變淡、質感輕盈蓬鬆。

3. 每次加一顆蛋，攪打均勻後再加下一顆，以免結塊。

4. 加入香草精，略為攪拌至均勻融入奶油蛋糊中。

5. 再打2分鐘，直到表面開始出現泡泡。

6. 移開攪拌器，把麵粉和泡打粉篩入碗中。

7. 用金屬湯匙輕輕把麵粉拌入蛋糕，攪拌至均勻滑順即可。盡量讓麵糊保持輕盈。

8. 將麵糊均分成兩份，填入蛋糕模型，並用抹刀抹平表面。

9. 烤20-25分鐘，或直到烤成金棕色、摸起來有彈性。

10. 用長籤插入蛋糕。拔出來時如果不沾黏，就是烤好了。

11. 讓蛋糕留在模型中幾分鐘，然後倒出來，平整那面朝上，在網架上放涼。

12. 製作夾心。奶油、糖粉和香草精一起攪拌至滑順。

13. 等蛋糕完全冷卻後，用抹刀把奶油糖霜均勻抹在其中一個蛋糕的平整面上。

14. 用餐刀把果醬輕輕抹在奶油糖霜上面。

15. 把另一個蛋糕蓋上去，平整面對平整面。上桌時篩上糖粉裝飾。

維多利亞海綿蛋糕

保存 已經夾好餡的蛋糕裝在密封容器裡，在陰涼處可保存2天。
預先準備 未夾餡的蛋糕可保存3天。

17

維多利亞海綿蛋糕的幾種變化

咖啡核桃蛋糕

一片咖啡核桃蛋糕，是早晨那杯咖啡最完美的搭配。這裡使用的模型比經典維多利亞海綿蛋糕的模型小，做出來的蛋糕比較厚、視覺效果更好。

| 8 人份 | 20分鐘 | 20-25分鐘 | 未夾餡可保存8週 |

特殊器具

2個 17cm的圓形蛋糕模

材料

175g 無鹽奶油，軟化，另備少許塗刷表面用
175g 鬆軟的紅糖
3顆蛋
1小匙 香草精
175g 自發麵粉
1小匙 泡打粉
1小匙 濃咖啡粉，以2大匙沸水溶解後冷卻。

糖霜部分

100g 無鹽奶油，軟化
200g 糖粉
9片 對切核桃

作法

1. 烤箱預熱至180°C。蛋糕模型內抹油，並在底部鋪上烘焙紙。用電動打蛋器把奶油和糖在大碗中一起攪打至輕盈蓬鬆。

2. 每次加一顆蛋，攪打均勻後再加入下一顆。加入香草精，繼續打2分鐘，直到表面開始出現泡泡。篩入麵粉和泡打粉。

3. 把麵粉輕輕拌入奶油蛋糊，再倒入一半分量的咖啡，將麵糊平均分到準備好的兩個模型中，用抹刀抹平表面。

4. 烤20-25分鐘，或烤到蛋糕呈金棕色且摸起來有彈性。將長籤插進蛋糕測試，若長籤拔出來時是乾淨的，蛋糕就烤好了。連烤模一起放涼幾分鐘之後再脫模，放在網架上冷卻。

5. 製作夾心：將奶油和糖粉攪拌至完全滑順，加入剩下的咖啡拌勻，將一半的糖霜均勻塗抹在其中一個蛋糕的平整面上，蓋上另一個蛋糕，平整面對平整面，再把剩下的奶油糖霜抹在表面，最後擺上核桃片裝飾。

保存

放進密封容器內，在陰涼處可保存3天。

馬德拉蛋糕（Madeira Cake）

這是款簡單的蛋糕，但整個散發著檸檬與奶油的風味。

8-10人份　20分鐘　50-60分鐘　可保存8週

特殊器具
18cm圓形彈性邊框活動蛋糕模

材料
175g 無鹽奶油，軟化，另備少許塗刷表面用
175g 細砂糖
3顆蛋
225g 自發麵粉
1顆檸檬的皮屑

作法

1. 烤箱預熱至180°C。烤模內抹油，底部和側邊都鋪上烘焙紙。

2. 奶油和糖以電動攪拌器攪打2分鐘，直到變得輕盈蓬鬆。每次加入一顆蛋，攪拌到完全均勻後再加下一顆。

3. 繼續攪打2分鐘，直到表面開始出現泡泡，篩入麵粉並加入檸檬皮屑。輕輕把麵粉和檸檬皮屑拌入奶油蛋糊，直到完全滑順。

4. 把麵糊舀到模型中，烤50分鐘到1小時，或直到長籤插入蛋糕再拔出時不沾黏為止。連烤模一起放涼幾分鐘後再脫模，並把蛋糕放在網架上冷卻。撕掉烘焙紙。

保存

這個蛋糕放在密封容器裡可保存3天。

烘焙師小祕訣

想做出成功的、輕盈的維多利亞海綿蛋糕，訣竅就是在拌入麵粉的時候不要讓太多空氣跑掉。如果想做出更輕盈的蛋糕，可以改用烘焙用的人造奶油，因為人造奶油的含水量較高，烤起來似乎會讓更多空氣進入蛋糕。不過真正的奶油風味比較濃郁。

大理石蛋糕

在經典海綿蛋糕的麵糊上做點變化，把麵糊分成兩份，其中一份加入可可粉調味，再把兩種麵糊混合，就能做出漂亮的大理石花紋。

8-10人份　25分鐘　45-50分鐘　可保存8週

特殊器具
900g 的長條型蛋糕模

材料
175g 無鹽奶油，軟化，另備少許塗刷表面用
175g 細砂糖
3顆蛋
1小匙 香草精
150g 自發麵粉
1小匙 泡打粉
25g 可可粉

作法

1. 烤箱預熱至180°C，模型內抹油，並在底部鋪上烘焙紙。

2. 電動攪拌器轉到中速，將奶油和糖攪打約2分鐘，直到輕盈蓬鬆。每次加一顆蛋，攪打至完全均勻後再加下一顆。加入香草精，繼續攪打2分鐘，直到奶油蛋糊表面開始出現泡泡。篩入麵粉和泡打粉。

3. 把麵糊平均倒入兩個大碗。把可可粉篩入其中一碗，輕輕拌勻。先把香草麵糊倒入模型中，再倒入巧克力麵糊。用木匙的柄、刀子或長籤在兩種麵糊裡畫圈，製造出大理石花紋。

4. 烤45-50分鐘，或直到長籤插進蛋糕再拔出來時不沾黏為止。先連烤模一起放涼幾分鐘，再脫模、放在網架上冷卻。撕掉烘焙紙。

保存

這個蛋糕放在密封容器內可保存3天。

天使蛋糕（Angel Food Cake）

這是一款經典的美式海綿蛋糕，蛋糕體幾乎呈純白色，輕盈得彷彿空氣，因此稱為天使蛋糕。無油、不適合久放，最好是出爐當天就吃完。

8-12人份　30分鐘　35-45分鐘

特殊器具
1.7公升的圈狀蛋糕模
測量糖溫的溫度計

材料
1塊奶油，塗抹表面用
150g 中筋麵粉

100g 糖粉
8個蛋白（蛋黃可以留下來做卡士達醬和塔的內餡）
1小撮 塔塔粉
250g 細砂糖
幾滴杏仁精或香草精

糖霜部分
150 g 細砂糖
2個蛋白
草莓（對切）、藍莓和覆盆子，裝飾用
糖粉，撒在表面用

作法

1. 烤箱預熱至180℃。奶油放在小鍋中融化，然後在圈狀模型內刷上足量的奶油。麵粉和糖粉篩入大碗（見烘焙師小祕訣）。

2. 蛋白和塔塔粉一起打至成硬性發泡，然後每次加一大匙糖到蛋白中，邊打邊加。篩入麵粉和糖粉的混合物，用金屬湯匙慢慢拌入蛋白霜中，最後再加入杏仁或香草精。

3. 把麵糊輕輕舀入圈狀模型中，填滿之後，用抹刀抹平表面。把模型放在烤盤上，烤35-45分鐘，或直到摸起來感覺是結實的。

4. 小心地把蛋糕從烤箱裡拿出來，整個倒扣在網架上。等蛋糕完全冷卻後再小心脫模。

5. 製作糖霜。把砂糖和4大匙水一起放入湯鍋中，開小火攪拌，直到糖溶解。把糖漿煮到軟球狀態（soft-ball stage，溫度約為114-118℃），也就是若把一滴糖漿滴入很冷的水中，糖漿會結成柔軟的糖球。

6. 同時，把蛋白打至硬性發泡。作法如下：糖漿一到正確的溫度，就把鍋子底部浸入冷水中，以免糖漿溫度繼續上升。一邊攪打蛋白、一邊把糖漿倒入蛋白中，要用穩定的速度把糖漿慢慢倒在大碗中央。持續攪打5分鐘，直到硬性發泡。

7. 接下來動作要快，因為糖霜會凝固：用抹刀在蛋糕內外都抹上一層薄薄的糖霜，並在表面畫圓、做出紋理。放上草莓、藍莓和覆盆子，用細篩網篩上糖粉。

烘焙師小祕訣
麵粉篩過兩次，就能做出質地非常輕盈的蛋糕。想做出最好的成果，可把篩網舉高，讓麵粉在落下的過程中盡量接觸空氣。如果想讓蛋糕質感更輕盈，可以把麵粉先篩兩次之後，再篩到蛋白霜裡。

覆盆子奶油熱那亞蛋糕
（Genoise Cake）

這種精緻的海綿蛋糕是氣勢十足的甜點，但也非常適合在陽光明媚的夏日午茶時間享用。

| 8-10人份 | 30分鐘 | 25-30分鐘 | 未夾餡可保存4週 |

特殊器具
20cm圓形彈性邊框活動蛋糕模

材料
40g 無鹽奶油，另備少許塗刷表面用
4個大顆的蛋
125g 細砂糖
125g 中筋麵粉
1小匙 香草精
1顆檸檬的皮屑
75g 覆盆子，裝飾用（非必要）

夾心部分
450ml 重乳脂鮮奶油（double cream）或打發用鮮奶油（whipping cream）
325g 覆盆子
1大匙 糖粉，另備少許撒在表面用

作法

1. 奶油融化備用。烤箱預熱至180°C。蛋糕模型中抹油，並在底部鋪一張烘焙紙。

2. 將一鍋水煮沸，移開熱源，然後鍋子上面架一個耐熱大碗。把蛋和糖加入大碗，用電動攪拌器打5分鐘，直到提起攪拌器時表面會留下明顯痕跡。蛋液的體積會膨脹5倍。把大碗從鍋子上取下，再攪打1分鐘，讓蛋液冷卻。

3. 篩入麵粉，小心地和蛋糊拌勻，再加入香草精、檸檬皮屑和融化的奶油拌勻。

4. 把麵糊倒入模型，放進烤箱烤25-30分鐘，或直到表面摸起來有彈性且呈淡金棕色。用長籤插入蛋糕中央，拔出來時必須是乾淨的才行。

5. 蛋糕連同烤模一起放涼幾分鐘後再脫模，移到烤架上放到完全冷卻。撕掉烘焙紙。

6. 蛋糕完全放涼後，用鋸齒狀的麵包刀小心地把蛋糕橫剖成厚度相當的三片。

7. 在大碗中把鮮奶油打到硬，覆盆子和糖粉一起稍微壓碎之後，拌入鮮奶油中。若有果汁剩下，不要加入，以免讓鮮奶油變得太溼。

8. 把蛋糕最底下那片放在大盤子中，抹上一半的覆盆子鮮奶油，蓋上第二片蛋糕，再抹上剩下的覆盆子鮮奶油，然後蓋上最後一片蛋糕。用覆盆子裝飾（可省略），在蛋糕表面灑上糖粉。立刻上桌。

事先準備
這種海綿蛋糕在切開並夾入鮮奶油餡之前，可以在密封容器中保存1天。

烘焙師小祕訣

這是一款經典的義大利蛋糕，只用少許奶油添加風味。這種蛋糕可以做非常多種變化，喜歡放什麼夾心都可以，不過最好在烤好的24小時內吃完，因為它缺乏油脂，不像其他蛋糕那麼耐放。

瑞士捲（Swiss Roll）

捲出漂亮的瑞士捲是有訣竅的——照著這些簡單的步驟做，就能捲出完美的瑞士捲。

8-10人份　20分鐘　12-15分鐘　可保存8週

特殊器具
32.5×23cm的瑞士捲蛋糕模型

材料
3顆大的蛋
100g 細砂糖，另備少許裝飾用
1小撮鹽
75g 自發麵粉
1小匙香草精
6大匙 覆盆子果醬（也可用其他果醬或巧克力榛果抹醬），作為夾心

1. 烤箱預熱至200°C，烤盤底鋪上烘焙紙。

2. 把一個大碗架在一鍋微微沸騰的水上，碗底不可碰到水面。

3. 蛋、糖、鹽放進大碗，用電動攪拌器打5分鐘，直到變濃稠。

4. 檢查蛋糖混合物：拿起攪拌器時，滴落的蛋液應該可以在表面上停留幾秒鐘。

5. 把大碗從鍋子上取下，移到工作檯上繼續攪打1-2分鐘，直到冷卻。

6. 把麵粉篩進去，加入香草精，輕輕拌勻，盡量不要讓體積縮小。

7. 把麵糊倒進烤盤中，用抹刀把麵糊均勻推開，角落裡也要填滿。抹平表面。

8. 在預熱好的烤箱中烤12-15分鐘，直到蛋糕體摸起來結實有彈性。

9. 看看蛋糕邊緣有沒有略為內縮、稍稍脫離烤模。如果有就是烤好了。

10. 在一張烘焙紙上均勻撒上薄薄的一層細砂糖。

11. 小心地把整片瑞士捲倒在撒了砂糖的烘焙紙上，讓蛋糕表面朝下。

12. 冷卻5分鐘，然後小心剝掉蛋糕上的烘焙紙。

13. 製作夾心。如果果醬太濃、抹不開，就放進鍋用小火加熱一下。

14. 用抹刀把果醬抹在蛋糕表面，邊緣也要抹到。

15. 在其中一個短邊，距離邊緣大約2公分的地方，用刀背壓出一道凹痕。

16. 從這個壓了凹痕的邊邊開始捲，輕輕捲，但要捲緊，以烘焙紙輔助。

17. 用烘焙紙緊緊包住瑞士捲，固定外型。靜置冷卻。

18. 準備上桌時，拆開烘焙紙，接縫處朝下放在大盤子上。撒上多餘的細砂糖。　**保存** 瑞士捲放在密封容器中可保存2天。

瑞士捲的幾種變化

柳橙開心果瑞士捲

開心果細緻的風味，再加上橙花水，讓這道經典食譜有了一點時尚的變化。很容易切成小份，是大型宴會或歐式自助餐的理想甜點。

8人份　20分鐘　15分鐘　未夾餡可保存8週

特殊器具

32.5 × 23cm 的瑞士捲蛋糕模

材料

3顆大蛋
100g 細砂糖，另備少許撒在表面
1小撮鹽
75g 自發麵粉
2顆柳橙的皮屑和3大匙柳橙汁
2小匙橙花水（可省略）
200ml 重乳脂鮮奶油
75g 原味開心果，切碎
糖粉，灑在表面用

作法

1. 烤箱預熱至200°C，烤盤上鋪烘焙紙。把一個大碗架在一鍋微微沸騰的水上面，放入蛋、糖和鹽，用電動攪拌器打5分鐘，直到濃稠綿密。

2. 把大碗從鍋子上拿下來，再打1-2分鐘，直到蛋液冷卻。篩入麵粉，加進一半的柳橙皮屑和1大匙柳橙汁。輕輕拌勻。倒入烤盤，烤12-15分鐘，直到蛋糕體摸起來是結實的。

3. 把細砂糖灑在一張烘焙紙上，並把蛋糕倒扣在上面。冷卻5分鐘，把蛋糕上的烘焙紙撕除丟棄。將橙花水灑在蛋糕上（可省略）。

4. 在其中一個短邊，距離邊緣大約2公分的地方，用刀背壓出一條凹痕。從凹痕處開始，連同撒了糖的烘焙紙一起捲起來（見烘焙師小祕訣）。靜置冷卻。

5. 打發鮮奶油，拌入開心果、剩下的柳橙皮屑和柳橙汁。攤開蛋糕體，丟棄烘焙紙，把鮮奶油內餡均勻抹在表面上。再把蛋糕捲回去，接縫處朝下放在大盤子上。上桌前再灑上糖粉。

也可以試試……

檸檬瑞士捲

以檸檬皮屑和檸檬汁取代柳橙，拌進蛋糕麵糊中，中間抹上300g的檸檬酪醬（lemon curd）。

烘焙師小祕訣

如果食譜說要蛋糕完全涼了才可以抹夾心，一定要趁熱先把瑞士捲捲好定型，等涼了之後再重新展開、抹夾心。要拿一張新的烘焙紙來捲瑞士捲。這樣不但能避免蛋糕黏在一起，也可以讓蛋糕捲得緊，形狀漂亮，而且容易打開。

西班牙海綿蛋糕捲

這款西班牙版的瑞士捲十分精緻，芬芳的檸檬海綿蛋糕夾著滑順的巧克力蘭姆酒甘納許（ganache），切開來時呈現美麗的螺旋花紋，是令人驚豔的晚宴甜點。▶

8-10人份　40-45分鐘　7-9分鐘　未夾餡可保存8週

冷藏時間

6小時

材料

奶油，塗刷表面用
150g 細砂糖
5顆蛋，蛋黃蛋白分開
2顆檸檬的皮屑
45g 中筋麵粉，篩好備用
1撮鹽
125g 黑巧克力，切成大塊
175ml 重乳脂鮮奶油
1.5小匙 肉桂粉
1.5大匙 深色蘭姆酒
60g 糖粉
糖漬檸檬皮，上桌時使用（可省略）

作法

1. 烤箱預熱至220°C，烤盤抹上奶油，並鋪上烘焙紙。蛋黃中加入100g砂糖和檸檬皮屑，用電動攪拌器打3-5分鐘，直到變濃稠。取另一個大碗，把蛋白打硬，加入剩下的糖，繼續打到有光澤為止。把鹽加入蛋黃中，再把麵粉也篩入拌勻，最後加入蛋白拌勻。

2. 把麵糊倒入烤盤，讓麵糊平均布滿烤盤。放在烤箱底層烤7-9分鐘，直到摸起來結實且呈金棕色。

3. 把蛋糕倒扣在另一個烤盤上，撕掉蛋糕上的烘焙紙。用刀背沿著其中一個短邊在距離邊緣2公分處壓出刀痕。從刀痕處開始，把蛋糕連同一張烘焙紙緊緊捲起（見烘焙師小祕訣）。靜置放涼。

4. 甘納許部分，把巧克力放進大碗。把鮮奶油和半小匙肉桂粉放在小鍋中加熱到將近沸騰，然後倒入巧克力中，攪拌到巧克力融化。放涼後加入蘭姆酒。用電動攪拌器攪拌5-10分鐘，直到濃稠又蓬鬆。

5. 把一半的糖粉加上1小匙肉桂粉，均勻篩在一張烘焙紙上。把蛋糕捲放在撒了糖粉的烘焙紙上打開，抹上甘納許，然後小心捲起，用烘焙紙裹好。冷藏6小時，讓蛋糕捲變結實。拆開烘焙紙，兩端修整齊，把剩下的糖粉篩在蛋糕上，並撒上糖漬檸檬皮（可省略）。

糖薑蛋糕(Ginger Cake)

這款濃郁又溼潤的糖薑蛋糕有濃濃的糖漬薑風味，是許多人的最愛，可以保存長達一週——如果沒被吃光的話！

12人份　20分鐘　35-45分鐘　可保存8週

特殊器具
18cm的方形蛋糕模

材料
110g 無鹽奶油，軟化，另備少許塗刷表面用
225g 轉化糖漿（golden syrup，又稱金黃糖漿）
110g 鬆軟的黑糖
200ml 牛奶

4大匙 糖漬薑罐裡的糖漿
1顆柳橙的皮屑
225g 自發麵粉
1小匙 小蘇打
1小匙 綜合香料
1小匙 肉桂粉
2小匙 薑粉
4塊 糖漬薑，切成細末，和1大匙中筋麵粉混合均勻
1顆蛋，稍微打散

作法

1. 烤箱預熱至170˚C。蛋糕模型內抹油，並在底層鋪上烘焙紙。

2. 鍋中以小火加熱奶油、轉化糖漿、糖、牛奶與糖漬薑糖漿，直到奶油融化。加入柳橙皮屑，冷卻5分鐘。

3. 取一個大碗，把麵粉、小蘇打粉和香料粉一起篩入。把溫熱的糖漿溶液倒進來，用球狀打蛋器攪打均勻。再攪入糖漬薑和蛋。

4. 把麵糊倒入模型，烤35-45分鐘，插一支長籤到蛋糕中間，拔出來如果是乾淨的，就是烤好了。連模型一起冷卻至少1小時，再脫模移到網架上。上桌前撕掉烘焙紙。

保存

這個蛋糕非常溼潤，放在密封容器中可以保存1週。

烘焙師小祕訣

這份食譜用了轉化糖漿和黑糖，能做出緻密、溼潤又耐放的蛋糕。如果蛋糕因為放久了而變得有點乾，可以切片、抹上奶油，當作早餐小食，甚至可以做成濃郁版的麵包奶油布丁。

日常蛋糕

胡蘿蔔蛋糕（Carrot Cake）

如果想做出更奢華的版本，可以把糖霜的分量加倍，將蛋糕剖成兩半，在中間也夾一層糖霜。

8-10人份　20分鐘　45分鐘　未抹糖霜可保存8週

特殊器具
22cm圓形彈性邊框活動蛋糕模
果皮刮刀（刨皮屑用）

材料
100g 核桃
225ml 葵花油，另備少許塗刷表面用
3顆大的蛋
225g 鬆軟的紅糖
1小匙 香草精
200g 胡蘿蔔，刨成細絲
100g 淡黃無子葡萄乾（sultana）

200g 自發麵粉
75g 全麥自發麵粉
1撮鹽
1小匙 肉桂粉
1小匙 薑粉
1/4小匙 荳蔻粉
1顆柳橙的皮屑

糖霜部分
50g 無鹽奶油，軟化
100g 奶油乳酪，室溫狀態
200g 糖粉
1/2小匙 香草精
2顆柳橙

1. 烤箱預熱至180°C。核桃烘烤5分鐘到淺咖啡色。

2. 把核桃放在乾淨的茶巾上，搓掉核桃上的薄皮。放涼備用。

3. 油和蛋放在大碗中，加入糖和香草精。

4. 用電動攪拌器把油蛋混合液攪打至顏色變淡，且明顯變得濃稠。

5. 用乾淨的茶巾包住胡蘿蔔絲，擠出多餘的水分。

6. 將胡蘿蔔絲輕輕拌入油蛋液中，要攪拌均勻。

7. 把冷卻的核桃大致切碎，留幾個比較大塊的備用。

8. 把核桃和白葡萄乾加進胡蘿蔔蛋液中，輕輕拌勻。

9. 把兩種麵粉都篩進去，篩網上剩下的麩皮也倒進去。

加入鹽、香料和柳橙皮屑，把所有材料拌合匀。

11. 模型內抹油，並鋪上烘焙紙，倒入蛋糕麵糊，以抹刀抹平表面。

12. 烤45分鐘。插一根長籤到蛋糕中央，如果拔出來是乾淨的，就是烤好了。

如果還沒烤好，繼續烤幾分鐘之後再試一。移到網架上冷卻。

14. 把奶油、奶油乳酪、糖粉和香草精攪拌均匀，刨入一顆柳橙的皮屑。

15. 用電動攪拌器把所有材料攪打到平滑、顏色變淡且蓬鬆。

用抹刀把糖霜抹在蛋糕表面。可以畫出漩，做出不同質感。

如果想多做裝飾，就用果皮刮刀刨出柳橙皮。

18. 把柳橙皮絲撒在糖霜上，排出好看的圖案，最後把蛋糕放在大盤子或蛋糕架上。**保存** 這個蛋糕放在密封容器中可保存3天。

胡蘿蔔蛋糕的幾種變化

櫛瓜蛋糕

這是胡蘿蔔蛋糕的誘人變化版，也有很多人喜歡。

8-10人份　20分鐘　45分鐘　可保存8週

特殊器具
22cm 圓形彈性邊框活動蛋糕模

材料
225ml 葵花油，另備少許塗刷表面用
100g 榛果
3顆大的蛋
1小匙 香草精
225g 細砂糖
200g 櫛瓜，刨成細絲
220g 自發麵粉
75g 全麥自發麵粉
1撮鹽
1小匙 肉桂粉
1顆檸檬的皮屑

作法

1. 烤箱預熱至180°C。蛋糕模內側和底部都抹油，並在底部鋪上烘焙紙。把榛果散放在烤盤上，烤5分鐘，直到呈淺棕色。取出榛果，放在乾淨的茶巾上，搓掉多餘皮屑，大致切碎備用。

2. 油和蛋放入大碗，加入香草精和糖。攪打到顏色變淡且質地變濃稠。把櫛瓜的水分擠乾，跟榛果一起拌入油蛋混合液。把麵粉也篩進去，篩網上留下的麩皮也要倒進大碗。加鹽、肉桂粉和檸檬皮，攪拌均勻。

3. 麵糊倒入模型中，烤45分鐘，或直到蛋糕摸起來有彈性。脫模後放到網架上完全冷卻。

保存
這個蛋糕放在密封容器中可保存3天。

烘焙師小祕訣
可別因為這個食譜很不尋常地放了櫛瓜就卻步了。櫛瓜沒有胡蘿蔔那麼甜，但能為蛋糕增添水分和清新的風味。由於不用糖霜，這個蛋糕也比較健康。

日常蛋糕

胡蘿蔔速成蛋糕

胡蘿蔔蛋糕非常適合新手烘焙師，因為不需要長時間攪打，也不必小心翼翼地拌麵糊。這個變化版做起來很快，而且保證消失的速度更快。

| 8人份 | 15分鐘 | 20-25分鐘 | 未抹糖霜可
保存8週 |

特殊器具
20cm 圓形彈性邊框活動蛋糕模

材料
75g 無鹽奶油，融化放涼，另備少許塗刷表面用
75g 全麥自發麵粉
1小匙 多香果粉（又稱眾香子）
1/2小匙 薑粉
1/2小匙 泡打粉
2根胡蘿蔔，刨成粗絲
75g 鬆軟的紅糖
50g 淡黃無子葡萄乾
2顆蛋，打散
3大匙 新鮮柳橙汁

糖霜部分
150g 奶油乳酪（cream cheese），室溫狀態
1大匙 糖粉
裝飾用的檸檬皮絲

作法

1. 烤箱預熱至190˚C。蛋糕模型內抹油，底部鋪上烘焙紙。

2. 麵粉、多香果粉、薑粉和泡打粉都篩入大碗中，篩網上留下的麩皮也要倒進去。加胡蘿蔔、糖和葡萄乾，攪拌均勻。加入蛋、1大匙柳橙汁和奶油。攪拌到均勻融合。

3. 把麵糊倒入模型，用抹刀抹平。放在烤盤中烤20分鐘，或直到長籤插進蛋糕再拔出來時是乾淨的為止。連模型一起冷卻10分鐘。

4. 用刀子沿模型周圍劃一圈，把蛋糕倒扣在網架上，剝掉烘焙紙，完全放涼。用鋸齒刀把蛋糕橫剖成上下兩片。

5. 製作糖霜。奶油乳酪加剩下的柳橙汁和糖粉一起攪打，然後抹在蛋糕的夾層和表面，以檸檬皮絲裝飾。

保存
這個蛋糕放在密封容器中可保存3天。

香料胡蘿蔔蛋糕

這是很適合冬天吃的美好蛋糕，因為蛋糕會隱約散發出溫暖的香料氣息。用方型烤模來烤，可以把蛋糕切成一口大小，非常適合宴會。照片見下一頁

| 可做16塊 | 20分鐘 | 30分鐘 | 未抹糖霜可
保存8週 |

特殊器具
20cm 方形蛋糕模

材料
175g 自發麵粉
1小匙 肉桂粉
1小匙 綜合香料
1/2小匙 小蘇打
100g 鬆軟的紅糖或黑糖
150ml 葵花油
2顆大的蛋
75g 轉化糖漿
125g 胡蘿蔔，刨成粗絲
1顆柳橙的皮屑

糖霜部分
75g 糖粉
100g 奶油乳酪，室溫狀態
1-2大匙 柳橙汁
1顆柳橙的皮屑，另備少許皮絲作為裝飾（可省略）

作法

1. 烤箱預熱至180˚C。烤模底部和周圍鋪上烘焙紙。在大碗中混合麵粉、香料、小蘇打和糖。

2. 另取一個大碗，把蛋、油和糖漿拌勻，然後和乾性材料混在一起。拌入胡蘿蔔和柳橙皮屑，倒進蛋糕模型，抹平表面。

3. 烤30分鐘，或烤到摸起來結實。連同模型一起冷卻幾分鐘，然後移到網架上徹底放涼。撕掉烘焙紙。

4. 製作糖霜。把糖粉篩入碗中，加入奶油乳酪、柳橙汁和柳橙皮屑。用電動攪拌器打至可以抹開的程度。把糖霜抹在蛋糕上，並用多餘的柳橙皮絲裝飾（可省略），切成16個小方塊，上桌。

保存
這個蛋糕放在密封容器中可保存3天。

玉米粉檸檬蛋糕（Lemon Polenta Cake）

這是少數幾種完全不使用麵粉的蛋糕之一，但完全不輸麵粉做的蛋糕。

6-8人份　30分鐘　50-60分鐘　可保存8週

特殊器具
22cm圓形彈性邊框活動蛋糕模

材料
175g 無鹽奶油，軟化，另備少許塗刷表面用
200g細砂糖
3顆大的蛋，打散
75g 粗磨玉米粉（polenta，並非白色的玉米澱粉）
175g 杏仁粉

2顆檸檬的皮屑與汁
1小匙 無麩質泡打粉
濃鮮奶油或法式酸奶油，上桌時用（可省略）

1. 烤箱預熱至160°C。模型內抹油，底部鋪上烘焙紙。

2. 用電動攪拌器把奶油和175g的糖攪打到蓬鬆。

3. 慢慢倒入打散的蛋液，每次加一點點，攪拌至完全均勻後再繼續加入。

4. 加入玉米粉和杏仁粉，用金屬湯匙輕輕攪拌均勻。

5. 最後拌入檸檬皮屑和泡打粉。麵糊會顯得有點硬。

6. 用刮刀把麵糊裝進預備好的模型，用抹刀抹平表面。

7. 烤50-60分鐘，直到蛋糕摸起來有彈性。這個蛋糕不會膨脹很多。

8. 插一支長籤到蛋糕裡測試。如果長籤拔出來是乾淨的，就是烤好了。

9. 連同模型一起讓蛋糕冷卻幾分鐘，直到不會燙手。

日常蛋糕

0. 趁蛋糕冷卻的時候把檸檬汁和剩下的糖放進小鍋。

11. 以中火加熱檸檬汁,直到糖完全溶解。關火。

12. 蛋糕脫模,放在網架上,表面朝上。先不要急著撕掉烘焙紙。

3. 趁蛋糕還沒涼時,用細竹籤或牙籤在蛋糕上戳出小洞。

4. 把熱的檸檬糖漿一點一點慢慢倒在蛋糕表面。

5. 等表面上的檸檬糖漿被蛋糕吸收後,再繼續倒,直到糖漿倒完。

16. 完全放涼後即可食用。直接吃或搭配濃鮮奶油或法式酸奶油皆可。 **保存** 這款蛋糕放在密封容器中可保存3天。

無麵粉蛋糕的幾種變化

巧克力巴西堅果蛋糕

這道無麵粉蛋糕頗不尋常，以巴西堅果取代典型的杏仁與巧克力組合，賦予蛋糕溼潤、濃郁的口感。

6-8人份　25分鐘　45-50分鐘　可保存4週

特殊器具
20cm的圓形彈性邊框活動蛋糕模
食物處理器

材料
75g 無鹽奶油，切丁，另備少許塗刷表面用
100g 優質黑巧克力，掰成碎塊
150g 巴西堅果
125g 細砂糖
4顆大的蛋，蛋黃蛋白分開
可可粉或糖粉，上桌時用
濃鮮奶油，上桌時用（可省略）

作法

1. 烤箱預熱至180°C，蛋糕模型內抹油，底部鋪上烘焙紙。巧克力隔水加熱融化，放涼備用。

2. 用食物處理器把巴西堅果和糖打成細粉。加入奶油，用瞬轉功能攪打至剛好混合均勻（見烘焙師小祕訣）。一邊攪拌，一邊把蛋黃一顆一顆加入。加入融化的巧克力攪打均勻。

3. 另取一個大碗，把蛋白打至硬性發泡。把巧克力材料倒進另一個大碗中，拌入幾大匙蛋白，讓巧克力材料不那麼濃稠。接著再用金屬大湯匙，小心地把剩下的蛋白也拌進去。

4. 把蛋糕材料刮入模型中，烤45-50分鐘，直到表面摸起來有彈性，插一支長籤到蛋糕裡也不會沾黏為止。先連蛋糕模型一起冷卻幾分鐘，再脫模移到網架上，完全放涼。撕掉烘焙紙。篩上可可粉或糖粉。喜歡的話，可以搭配濃鮮奶油。

保存
這個蛋糕放在密封容器中可以保存3天。

烘焙師小祕訣

注意：把奶油拌入堅果和糖的時候，必須以食物處理器的瞬轉功能一陣一陣短暫攪打，因為若長時間攪打，會讓堅果的天然油分釋出，這樣做出來的蛋糕就會有一股油味。

瑪格麗特蛋糕（Torta Margherita）

這道口感輕盈、充滿檸檬香的義大利經典蛋糕是用馬鈴薯麵粉做的。

6-8人份　20分鐘　25-30分鐘　可保存8週

特殊器具
20cm圓形彈性邊框活動蛋糕模

材料
25g 無鹽奶油，另備少許塗刷表面用
2顆大的蛋，另外再準備1個蛋黃
100g 細砂糖
1/2小匙 香草精
100g 馬鈴薯麵粉（potato flour以整顆馬鈴薯製作，非馬鈴薯澱粉），篩好備用
1/2小匙無麩質泡打粉
半顆檸檬的皮屑
糖粉，灑在表面用

作法

1. 奶油融化，放涼備用。烤箱預熱至180°C。模型內抹油，底部鋪上烘焙紙。

2. 取一大碗，把蛋、蛋黃、糖和香草精一起攪打5分鐘，直到濃稠且顏色變淺、體積至少變成兩倍。輕輕地把馬鈴薯麵粉、泡打粉和檸檬皮屑拌進去，最後拌入融化的奶油。

3. 將麵糊刮入模型中，烤25-30分鐘，直到表面呈金棕色，且摸起來有彈性。往蛋糕中央插一根長籤，拔出來時不沾黏才行。

4. 蛋糕連模型一起冷卻10分鐘，然後脫模、放到網架上徹底冷卻。撕掉烘焙紙，灑上糖粉即可上桌。

保存
這個蛋糕放在密封容器中可保存2天。

日常蛋糕

栗子糕
（Castagnaccio）

由於使用的是栗子粉，這種有趣的蛋糕口感紮實卻又溼潤。

6-8人份　　25分鐘　　50-60分鐘

特殊器具

20cm 圓形彈性邊框活動蛋糕模

材料

1大匙 橄欖油，另備少許塗刷表面用
50g 葡萄乾
25g 杏仁片
30g 松子
300g 栗子粉
25g 細砂糖
1撮鹽
400ml 牛奶或水
1大匙 切成細末的迷迭香葉片
1顆柳橙，取皮屑

作法

1. 烤箱預熱至180˚C。模型內抹油，底部鋪上烘焙紙。葡萄乾用溫水浸泡約5分鐘，讓葡萄乾吸水膨脹。然後瀝乾。

2. 杏仁和松子放在烤盤上，放進烤箱烘烤約5-10分鐘，直到略呈棕色。把栗子粉篩進大的攪拌缽，加入糖和鹽。

3. 用球狀打蛋器把牛奶或水慢慢攪入栗子粉中，拌成濃稠、滑順的麵糊。拌入橄欖油，把麵糊倒入模型，灑上葡萄乾、迷迭香、柳橙皮屑和堅果。

4. 放在烤箱中層烤50-60分鐘，直到表面變乾、邊緣也略顯褐色。這個蛋糕不太會膨脹。連模型一起放涼約10分鐘，再小心脫模、移到網架上放到完全冷卻。撕掉烘焙紙，即可上桌。

保存

這個蛋糕放在密封容器中可以保存3天。

注意

義大利熟食店、健康食品店或網路上都可以買到栗子粉。

巧克力蛋糕

大家都愛經典巧克力蛋糕。這份食譜用了優格，讓蛋糕特別溼潤。

6-8人份　30分鐘　20-25分鐘　未夾餡可保存8週

特殊器具

2個17cm的圓形蛋糕模

材料

175g 無鹽奶油，軟化，另備少許塗刷表面用
175g 鬆軟的紅糖
3顆大的蛋
125g 自發麵粉
50g 可可粉
1小匙 泡打粉
2大匙 希臘優格或濃稠的原味優格

巧克力奶油霜

50g 無鹽奶油，放軟
75g 糖粉，篩好，另備少許上桌時用
25g 可可粉
少許備用牛奶

1. 烤箱預熱至180℃。模型內抹油並鋪上烘焙紙。

2. 奶油切塊，和糖一起放在大碗裡。

3. 用電動攪拌器把奶油和糖攪打到輕盈蓬鬆。

4. 一次加一顆蛋，攪打到完全融合再加下一顆。

5. 另取一個大碗，把麵粉、可可粉和泡打粉都篩進去。

6. 把粉類材料拌入奶油蛋糊中，直到融合均勻。盡量不要讓體積縮小。

7. 把優格也輕輕拌進麵糊，這樣能讓蛋糕更溼潤。

8. 把麵糊均分到兩個模型中，用抹刀抹平表面。

9. 放在烤箱中層烤20-25分鐘，烤到蛋糕膨脹且摸起來有彈性。

⑩. 把長籤插進蛋糕中央，拔出來時不沾黏才⋯⋯。如果還會沾黏，就再烤一下。

11. 蛋糕連同模型一起冷卻幾分鐘，再撕掉烘焙紙，放到完全冷卻。

12. 製作奶油霜：把奶油、糖粉和可可粉都放在大碗裡。

⑬. 用電動攪拌器攪打5分鐘，或打到糖霜變蓬鬆為止。

⑭. 如果奶油霜太硬，就再加入牛奶，每次加一匙，直到奶油霜可以抹開為止。

⑮. 在一個海綿蛋糕的底部抹上奶油霜，再蓋上另一個蛋糕。

16. 把蛋糕放在大盤子裡，並在表面均勻篩上少許糖粉，即可上桌。 **保存** 這個蛋糕放在密封容器中可以保存2天。

巧克力蛋糕的幾種變化

三層巧克力蛋糕

溼潤的海綿蛋糕、蓬鬆的香草奶油、滑順的巧克力糖霜——喜歡巧克力和蛋糕的人渴望的一切，這裡都有了。

12人份　　15分鐘　　30-35分鐘

特殊器具

3個 20cm 的圓形蛋糕模

材料

300g 自發麵粉
4大匙 可可粉
尖尖的1小匙 小蘇打粉
300g 無鹽奶油，軟化，另外再準備2大匙，以及少許塗刷表面用
300g 黃色細砂糖，另外再多準備1大匙
5顆大的蛋
1小匙 香草精，多準備幾滴
4大匙 牛奶
175g 原味巧克力
450ml 重乳脂鮮奶油

作法

1. 烤箱預熱至180°C。模型內抹上少許油，底部鋪上烘焙紙。麵粉、可可粉和小蘇打粉一起篩入大碗中。把奶油和糖放在另一個碗內，用電動打蛋器攪打到顏色發白、質地蓬鬆。

2. 在奶油糖霜中加入篩過的麵粉、蛋、香草精和牛奶，攪打1分鐘，直到麵糊均勻

又蓬鬆。把麵糊均分到三個蛋糕模型中，抹平頂部。送進烤箱烤30-35分鐘。烤好後，讓蛋糕連同模型一起冷卻5分鐘，再脫模、在網架上放涼。

3. 掰下50g的巧克力，用蔬果刨刀刨過表面，刨出捲捲的巧克力刨花，放在涼爽的地方備用。

4. 取150ml的鮮奶油，放進耐熱碗中。剩下的巧克力掰成小塊加入。把大碗架在一鍋微微沸騰的水上方，小心碗底不要碰到沸水，持續攪拌到巧克力融化，形成閃亮滑順的糖霜。移開熱源，拌入2大匙奶油，放涼。

5. 把剩下的鮮奶油倒在大碗裡，加入1大匙糖、幾滴香草精，攪打到軟性發泡。把鮮奶油平均抹在兩塊蛋糕上、疊起來，再蓋上第三塊蛋糕。把冷卻的巧克力糖霜澆在蛋糕上，讓糖霜順著側邊流下去。灑上巧克力刨花，即可上桌。

法奇糖霜巧克力蛋糕 (Chocolate Cake with Fudge Icing)

這種蛋糕向來受歡迎，你的一定要有一份這樣的食譜。

8-12人份　　20分鐘　　40分鐘　　未加糖霜可保存8週

特殊器具

2個 20cm的圓形蛋糕模

材料

225g 無鹽奶油，軟化，另備少許塗刷表面用
200g 自發麵粉
25g 可可粉
4顆大的蛋
225g 細砂糖
1小匙 香草精
1小匙 泡打粉

糖霜部分

45g 可可粉
150g 糖粉
45g 無鹽奶油，融化
3大匙 牛奶，另備少許稀釋麵糊用

作法

1. 烤箱預熱至180°C。模型內抹奶油，並在底部鋪上烘焙紙。麵粉和可可粉篩入大碗，加入其他所有蛋糕材料。用電動攪拌器攪拌幾分鐘，直到完全融合。再拌入2大匙溫水，讓麵糊變軟。平均分裝到兩個模型裡，抹平表面。

2. 烤35-40分鐘，或直到蛋糕膨脹、摸起來結實。蛋糕先連模型一起放涼幾分鐘，再脫模放到網架上徹底冷卻。撕掉烘焙紙。

3. 製作糖霜：可可粉和糖粉篩進大碗，加入奶油和牛奶，攪拌到均勻滑順。如果糖霜太濃稠，就再加一點點牛奶。糖霜要能輕鬆抹開才行。把糖霜抹在已經冷卻的蛋糕表面，再把蛋糕疊起來。

保存

這個蛋糕放在密閉容器內可保存2天。

西洋梨巧克力蛋糕

如果想讓人驚豔，這個香濃又美味多汁的蛋糕是個很好的選擇。

6-8人份　　15分鐘　　30分鐘

特殊器具
20cm 圓形彈性邊框活動蛋糕模

材料
125g 無鹽奶油，軟化，另備少許塗刷表面用
175g 黃色細砂糖
4顆大的蛋，稍微打散
250g 全麥自發麵粉，篩過
50g 可可粉，篩過
50g 優質黑巧克力，掰成碎塊（見烘焙師小祕訣）
2顆西洋梨，去皮、去芯、切丁
150ml 牛奶
糖粉，灑在表面用

作法

1. 烤箱預熱至180˚C。模型底部鋪烘焙紙，側邊抹上奶油。

2. 用電動攪拌器把糖和奶油攪打至顏色發白且呈乳霜狀。慢慢把蛋液打進去，麵粉每次加一點點，直到完全拌勻為止。輕輕拌入可可粉、巧克力塊和梨子丁。加入牛奶並攪拌均勻。

3. 把麵糊倒入準備好的模型，送進烤箱烤約30分鐘，或直到蛋糕摸起來結實有彈性。連模型一起冷卻5分鐘，然後脫膜，放到網架上徹底放涼。撕掉烘焙紙，撒上糖粉再上桌。

保存
這個蛋糕放在密封容器內可保存2天。

魔鬼蛋糕

這道經典美式蛋糕運用咖啡味來強調巧克力的濃郁，讓蛋糕的風味有了美妙的深度。

8-10人份　30分鐘　30-35分鐘　未夾餡可保存8週

特殊器具
2個 20cm的圓形蛋糕模

材料
100g 無鹽奶油，軟化，另備少許塗刷表面用
275g 細砂糖
2顆大的蛋
200g 自發麵粉

75g 可可粉
1小匙 泡打粉
1大匙咖啡粉，加125ml的沸水混合均勻，或同樣分量的冷濃縮咖啡
125ml牛奶
1小匙 香草精

糖霜部分
125g 無鹽奶油，切丁
25g 可可粉
125g 糖粉
2-3大匙 牛奶
黑巧克力或牛奶巧克力，製作刨花用

作法

1. 烤箱預熱至180°C。模型內抹油，底部鋪上烘焙紙。用電動攪拌器把奶油和糖攪打至輕盈蓬鬆。

2. 一次加一顆蛋，充分攪拌後再加下一顆，打到完全均勻。麵粉、可可粉、泡打粉一起篩入另一個大碗。再另取一個碗，把冷卻的咖啡、牛奶和香草精攪拌均勻。

3. 每次一大匙，把乾材料和溼材料輪流加入奶油蛋糊中並攪打均勻。全部拌勻後，就把麵糊平均倒進兩個模型裡。

4. 烤30-35分鐘，直到蛋糕摸起來有彈性，用長籤插進蛋糕中央再拔出來也不沾黏為止。蛋糕連烤模一起冷卻幾分鐘，再脫模移到網架上徹底冷卻，撕掉烘焙紙。

5. 製作糖霜：奶油放在鍋子裡以小火融化，加入可可粉，並繼續以小火煮1-2分鐘，不時攪拌。稍微冷卻一下。

6. 篩入糖粉，徹底攪拌讓材料混合均勻。

每次加入一大匙牛奶攪打，直到光亮滑順。讓糖霜冷卻（會變濃稠），然後把一半抹在兩片蛋糕之間當夾心，另一半則抹在蛋糕表面和側邊當裝飾。最後，用蔬果刨刀刨出巧克力刨花，均勻撒在蛋糕表面。

保存
這個蛋糕放在密封容器內，置於陰涼處，可以保存5天。

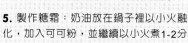

烘焙師小祕訣
不要因為這個食譜裡有咖啡就不敢嘗試。就算平常不喜歡咖啡風味的蛋糕，做這個蛋糕的時候還是要加咖啡。這樣做出來的蛋糕不止顏色深濃、質地類似法奇（fudge），還能給巧克力提味，不會有明顯的咖啡味。

巧克力法奇蛋糕

每個人都應該要有一份巧克力法奇蛋糕食譜，而這個版本絕對是贏家。油和糖漿讓這個蛋糕維持溼潤，糖霜更是經典。

6-8人份　40分鐘　30分鐘　未夾餡可保存8週

特殊器具
2個 17cm的圓形蛋糕模

材料
150ml 葵花油，另備少許塗刷表面用
175g 自發麵粉
25g 可可粉
1小匙 泡打粉
150g 鬆軟的紅糖
3大匙 轉化糖漿
2個 蛋
150ml 牛奶

糖霜部分
125g 無鹽奶油
25g 可可粉
125g 糖粉
2大匙 牛奶（備用）

作法

1. 烤箱預熱至180°C，模型內抹油，底部鋪上烘焙紙。把麵粉、可可粉和泡打粉都篩入一個大碗中，再把糖也拌進去。

2. 小火加熱轉化糖漿，等糖漿變稀，即可冷卻備用。另取一個大碗，用電動攪拌器把蛋、葵花油和牛奶攪打均勻。

3. 把牛奶蛋液倒進麵粉中，攪拌至均勻融合。再倒入糖漿輕輕拌勻，然後把麵糊均分到兩個模型中。

4. 蛋糕放在烤箱中層烤30分鐘，或烤到摸起來有彈性、長籤插進去再拔出來也不沾黏為止。連同模型一起放涼一下，再脫模放到網架上徹底冷卻。撕掉烘焙紙。

5. 製作糖霜：以小火融化奶油，拌入可可粉，再以小火加熱1-2分鐘後，靜置到完全冷卻。把糖粉篩入一個大碗中。

6. 把融化的奶油可可溶液倒入糖粉中，打到完全融合。如果成品看起來有點乾，就一次加入一大匙牛奶攪拌，直到糖霜看起來光亮滑順。靜置30分鐘，讓糖霜冷卻。糖霜冷了以後會變濃稠。

7. 糖霜變濃稠後，一半拿來當蛋糕夾心，另一半則抹在蛋糕表面。

保存
這個蛋糕放在密封容器內可保存3天。

烘焙師小祕訣

這裡的糖霜是真正的經典，可以用來裝飾很多種巧克力食譜。沒吃完、放得有點久的蛋糕可以用微波爐加熱30秒。這樣糖霜就會融化成法奇牛奶糖似的濃郁醬汁，蛋糕則可以搭配香草冰淇淋，是能迅速上桌的美味甜點。

烤巧克力慕斯蛋糕 (Baked Chocolate Mousse)

這道經典慕斯蛋糕很容易做，就算是新手也沒問題。銳利的刀子先浸一下熱水，就能把溼潤的慕斯蛋糕切得很漂亮，每切一次都要把刀子擦乾淨。

| 8-12人份 | 20分鐘 | 1小時 |

特殊器具
23cm 圓形活動邊框蛋糕模

材料

250g 無鹽奶油，切丁
350g 優質黑巧克力，掰成碎塊
250g 鬆軟的紅糖
5顆大的蛋，蛋黃蛋白分開
1撮鹽
可可粉或糖粉，裝飾用
濃鮮奶油，上桌時用（可省略）

作法

1. 烤箱預熱至180˚C，模型底部鋪烘焙紙。把耐熱的大碗架在一鍋微微沸騰的熱水上方（碗底不能接觸到水），融化巧克力和奶油，輕輕攪拌，直到變得滑順又有光澤。

2. 把大碗從鍋子上移開，稍微冷卻一下，把糖拌進去，接著放蛋黃，一次一個。

3. 把蛋白和鹽一起放在攪拌缽中，用電動攪拌器攪打到軟性發泡。慢慢拌入巧克力奶油，然後倒入模型，抹平表面。

4. 烤1個小時，或烤到頂部摸起來結實、但搖晃烤模時中間還會稍微晃動的狀態。

連同模型一起放到完全冷卻，撕掉烘焙紙，撒上可可粉或糖粉，配上一點濃鮮奶油即可上桌。

烘焙師小祕訣

為了讓這種蛋糕的口感溼潤美味、近乎黏稠，切記別把蛋糕烤過頭。從烤箱中拿出來時，蛋糕的中央應該是剛剛好凝固，用手指輕壓時，應該能夠留下指痕，而且不會彈回來。

德式蘋果蛋糕（German Apple Cake）

簡單的蘋果蛋糕搖身一變，就是鋪著美味酥脆奶酥的特製甜點了。

6-8人份　30分鐘　45-50分鐘

冷藏時間
30分鐘

特殊器具
20cm 活動底蛋糕模型

材料
175g 無鹽奶油，軟化，另備少許塗刷表面用

175g 淡色粗製蔗糖（light muscovado sugar）

1顆檸檬的皮屑
3顆蛋，稍微打散
175g 自發麵粉
3大匙 牛奶
2個 酸的蘋果，去皮去芯，切成大小差不多的薄瓣狀

肉桂奶酥配料
115g 中筋麵粉
85g 淡色粗製蔗糖
2小匙 肉桂粉
85g 無鹽奶油，切丁

1. 製作配料，把麵粉、糖和肉桂粉放進攪拌缽中。

2. 用指尖把奶油輕輕揉入麵粉中，壓成鬆散易碎的麵團。

3. 把奶酥麵糰用保鮮膜包好，放在冰箱裡冷藏30分鐘。

4. 烤箱預熱至190℃。模型內抹油並鋪上烘焙紙。

5. 把奶油和糖放進大碗，用電動攪拌器攪打至顏色發白且呈乳霜狀。

6. 加入檸檬皮屑，以慢速攪打，直到皮屑均勻散布在麵糊中。

7. 把蛋液加入麵糊中攪打，每次一點點，完全均勻後再繼續加，以免結塊。

8. 把麵粉篩入麵糊中，用金屬湯匙輕輕拌勻。

9. 最後，把牛奶加入麵糊中，輕輕拌勻。

日常蛋糕

10. 把一半分量的麵糊放進準備好的模型，用抹刀抹平表面。

11. 把一半分量的蘋果片排在麵糊上，漂亮的留下來放在表層。

12. 把剩下的麵糊鋪在蘋果上面，再次用抹刀抹平表面。

13. 用留下來的蘋果片在表面排出漂亮的圖案。

14. 把奶酥麵糰從冰箱裡拿出來，刨成粗屑。

15. 把刨好的奶酥均勻撒在蛋糕表面。

16. 放在烤箱中層烤45分鐘。把長籤插入蛋糕中心。

17. 如果長籤拔出來時還沾著麵糊，就多烤幾分鐘再檢查。

18. 蛋糕連同模型一起冷卻10分鐘。奶酥面朝上小心脫膜，放在網架上冷卻。溫熱上桌。

蘋果蛋糕的幾種變化

蘋果、淡黃無子葡萄乾與山胡桃蛋糕

有時候我喜歡健康一點的蛋糕。這個蛋糕用的油很少，裡面有滿滿的水果和堅果，是一種比較不罪惡但同樣美味的選擇。

10-12人份　25分鐘　30-35分鐘

特殊器具

23cm 圓形彈性邊框活動蛋糕模

材料

奶油，塗刷表面用
50g 去殼山胡桃
200g 蘋果，去皮、去芯，切小丁
150g 鬆軟的紅糖
250g 自發麵粉
1小匙 泡打粉
2小匙 肉桂粉
1撮鹽
3.5大匙葵花油
3.5大匙牛奶，多準備一些備用
2顆蛋
1小匙 香草精
50g 淡黃無子葡萄乾
打發的鮮奶油或糖粉，上桌時用（可省略）

作法

1. 烤箱預熱至180°C。模型內抹油，底部鋪上烘焙紙。把堅果放在烤盤上，放進烤箱烤5分鐘，直到酥脆。冷卻，大致切碎。

2. 把蘋果和糖放在大碗中混合均勻，篩入麵粉、泡打粉、肉桂粉和鹽，輕輕拌勻。取一個冷水壺，把油、牛奶、蛋和香草精攪打均勻。

3. 把牛奶溶液倒入乾性材料中，攪拌至融合。再拌入山胡桃和葡萄乾，倒入準備好的烤模。

4. 放在烤箱中層烤30-35分鐘，直到長籤戳進去再拔出來不沾黏為止。連同烤模一起冷卻幾分鐘後再脫模放在網架上。撕掉烘焙紙。可搭配打發的鮮奶油，當成溫熱的點心上桌，也可冷卻後再撒上糖粉。

保存

這個蛋糕放在密閉容器中可保存3天。

義大利蘋果蛋糕（Torta di mela）

要做這道溼潤又緻密的義大利蛋糕，好使用結實的點心蘋果（dessert apple適合生吃的蘋果）。

8人份　20-25分鐘　1小時15分-　可保存8週
　　　　　　　　1.5小時

特殊器具

23-25cm圓形彈性邊框活動蛋糕模

材料

175g 無鹽奶油，軟化，另備少許塗刷表面用
175g 中筋麵粉，另備少許防沾用
1/2小匙 鹽
1小匙 泡打粉
1顆檸檬的皮屑和汁
625g 蘋果，去皮、去芯，切片
200g 細砂糖，另備60g製作糖汁
2顆蛋
4大匙牛奶

作法

1. 烤箱預熱至180°C，模型內抹油，撒上少許麵粉。麵粉、鹽和泡打粉篩好備用。把檸檬汁倒在蘋果片上。

2. 用電動攪拌器，在大碗裡把奶油攪打至柔軟且呈乳霜狀。加入糖和檸檬皮屑，繼續攪打至輕盈蓬鬆。一次加一顆蛋，打到完全混合之後再加下一顆。慢慢加入牛奶，攪打至麵糊滑順。

3. 輕輕拌入麵粉和一半的蘋果片，舀到模型中，把表面抹平。剩下的蘋果放在表面，排成同心圓狀。烤1小時15分到1.5個小時，直到竹籤插進去再拔出來不沾黏為止。蛋糕應該還是很有水分。

4. 同時，製作要淋在表面的糖汁。鍋中以小火加熱4大匙水和剩下的60g糖，直到糖溶解。煮滾後再小火慢煮2分鐘，不要攪拌，靜置冷卻。

5. 蛋糕一出爐就把糖汁刷在蛋糕表面。讓蛋糕在模型中冷卻，再移到大盤中。

保存

這個蛋糕放在密閉容器中可以保存2天。

太妃糖蘋果蛋糕

這個食譜先把蘋果焦糖化，讓蘋果吃起來像是美妙的太妃糖蘋果，等蛋糕烤好後，再浸在奶油醬汁裡，這樣做出來的蛋糕特別溼潤，味道也特別豐富。

8-10人份　　40分鐘　　40-45分鐘　　可保存4週

特殊器具

22cm 圓形彈性邊框活動蛋糕模

材料

200g 無鹽奶油，軟化，另備少許塗刷表面用
50g 細砂糖
250g 蘋果，去皮、去芯、切丁
150g 鬆軟的紅糖
3顆蛋
150g 自發麵粉
尖尖1小匙 泡打粉
打發的鮮奶油或糖粉，上桌時用（可省略）

作法

1. 烤箱預熱至180°C。模型內抹油，底部鋪上烘焙紙。在大的炒鍋中以小火加熱50g奶油和砂糖，直到融化且呈金棕色。加入蘋果丁，小火炒7-8分鐘，直到蘋果開始變軟且焦糖化。

2. 用電動攪拌器把剩下的奶油和紅糖在大碗中攪打到輕盈蓬鬆。一次加一顆蛋，攪打到完全均勻之後再加下一顆。麵粉和泡打粉先一起過篩，再輕輕拌入奶油蛋材料中。

3. 用漏勺把蘋果從鍋子裡撈起來，鍋子和裡面的焦糖醬汁留下備用。把蘋果撒在模型底部，將麵糊舀到蘋果上，再把模型放在烤盤裡。要用有邊的烤盤，以防有湯汁流出來。放在烤箱中層烤40-45分鐘。拿出來後先冷卻幾分鐘，再脫模放在網架上。

4. 把鍋子連焦糖醬汁一起以小火加熱，直到均勻熱透。用細竹籤或雞尾酒叉在蛋糕表面戳小洞，把蛋糕放在盤子上，淋上蘋果糖漿，讓蛋糕吸收。可趁熱搭配打發鮮奶油，或等冷卻後撒上糖粉。

保存

這個蛋糕放在密封容器中可以保存3天。

大黃薑薑翻轉蛋糕（Rhubarb and Ginger Upside Down Cake）

簡單的翻轉蛋糕裡加了嫩大黃（rhubarb），讓這道經典點心有了時尚的變化。

6-8人份　40分鐘　40-45分鐘

特殊器具
22cm圓形彈性邊框活動蛋糕模

材料
150g 無鹽奶油，軟化，另備少許塗刷表面用

500g 嫩的粉紅色大黃
150g 鬆軟的黑糖
4大匙 糖漬薑，切成細末
3顆大的蛋
150g 自發麵粉
2小匙 薑粉

1小匙 泡打粉
重乳脂鮮奶油、打發鮮奶油或法式酸奶油（crème fraiche），上桌時用（可省略）

1. 烤箱預熱至180°C，融化少許奶油，刷在模型內。

2. 模型側邊和底部都鋪上烘焙紙。

3. 大黃清洗乾淨，切除莖上褪色和末端乾掉的部位。

4. 用可以切斷纖維的利刀把大黃切成2cm的小段。

5. 在烤盤底部均勻撒一點糖。

6. 再把一半的糖漬薑末均勻撒在底部。

7. 把大黃放進模型，緊密排好，要完全蓋滿模型底部。

8. 把奶油和剩下的糖放進大碗。

9. 用電動攪拌器把奶油和糖攪打到輕盈蓬鬆。

. 把蛋一顆一顆加入，盡量多打一些空氣到奶油蛋糕中。

11. 把剩下的糖漬薑末輕輕拌入奶油蛋糕，攪拌均勻。

12. 把麵粉、薑粉和泡打粉篩入另外一個大碗。

. 把篩過的材料倒入奶蛋糊中。

14. 把麵粉和奶蛋糊輕輕攪拌均勻，盡量不要讓體積縮小。

15. 把蛋糕麵糊舀到模型裡，小心不要把排好的大黃弄亂。

. 放在烤箱中層烤45分鐘，直到蛋糕摸起來有彈性。

. 蛋糕連模型一起冷卻20-30分鐘，再小心倒出來。

18. 搭配打發的鮮奶油或法式酸奶油，趁熱上桌。　**保存** 這個蛋糕冷了也很好吃。放進密封容器，可在陰涼處保存2天。

新鮮水果蛋糕的幾種變化

藍莓翻轉蛋糕

這是一種少見但美味的做法，只要一小盒藍莓和幾樣櫃子裡一定有的材料，就能迅速為一群人變出美味的甜點。

8-10人份　15分鐘　40分鐘

特殊器具
22cm 圓形彈性邊框活動蛋糕模

材料
150g 無鹽奶油，軟化，另備少許塗抹表面用
150g 細砂糖
3顆蛋
1小匙香草精
100g 自發麵粉
1小匙 泡打粉
50g 杏仁粉
250g 新鮮藍莓
鮮奶油、香草卡士達醬或糖粉，搭配食用（可省略）

作法

1. 烤箱預熱至180°C，裡面放一個烤盤。蛋糕模型內抹油，底部鋪上烘焙紙。把奶油和糖用電動攪拌器攪打至輕盈蓬鬆。

2. 每次加入少許蛋和香草精一起打，每次都要攪打至完全均勻，再繼續慢慢加。麵粉和泡打粉一起過篩，加入杏仁粉，再拌進麵糊中。

3. 把藍莓倒進模型，將麵糊輕輕倒在藍莓上。把蛋糕放在烤箱中層烤35-40分鐘，直到呈金棕色，且摸起來有彈性，插一支長籤進去再拔出來，長籤應該是乾淨的。先連模型一起冷卻幾分鐘，再脫模。

4. 把蛋糕放在大盤子裡，可搭配鮮奶油或清淡的香草卡士達醬溫熱食用，也可放冷之後再撒上糖粉。

保存
這個蛋糕放在密封容器內可保存2天。

西洋梨蛋糕

新鮮西洋梨、優格和杏仁，讓這款蛋糕非常溼潤。

6-8人份　40分鐘　45-50分鐘　可保存8週

特殊器具
18cm 圓形彈性邊框活動蛋糕模

材料
100g 無鹽奶油，軟化，另備少許塗刷表面用
75g 鬆軟的紅糖
1顆蛋，稍微打散
125g 自發麵粉
1小匙 泡打粉
1/2小匙 薑粉
1/2小匙 肉桂粉
半顆柳橙的皮屑和汁
4大匙 希臘優格或酸奶油
25g 杏仁粉
1大顆或2小顆西洋梨，去皮、去芯、切片

配料
2大匙 杏仁片，稍微烤過
2大匙 德麥拉拉糖（demerara sugar，一種粗製的結晶蔗糖）

作法

1. 烤箱預熱至180°C。模型內抹油，底部鋪上烘焙紙。奶油和糖用電動攪拌器攪打至輕盈蓬鬆。把蛋加入奶油糖霜內一起攪打。

2. 麵粉、泡打粉、薑粉和肉桂粉一起過篩，非常輕柔地拌入奶油蛋糊中。拌入柳橙皮屑和柳橙汁、優格或酸奶油，以及杏仁粉。把一半的麵糊倒入模型中，鋪上梨子片，再把剩下的麵糊也倒進去。

3. 在小碗中把杏仁片和德麥拉拉糖混合在一起，然後撒在麵糊表面，把模型放在烤箱中層烤45-50分鐘，直到長籤插進去再拔出來不沾黏為止。

4. 把蛋糕連同模型一起冷卻約10分鐘後再脫模，擺在網架上冷卻。可趁熱上桌也可常溫食用。

保存
這個蛋糕用密封容器裝起來，放在陰涼處可保存3天。

櫻桃杏仁蛋糕

經典的風味組合，客人絕對喜歡。

| 8-10人份 | 20分鐘 | 1小時30分-1小時45分 | 可保存4週 |

特殊器具
20cm 的深圓形彈性邊框活動蛋糕模

材料
150g 無鹽奶油，軟化，另備少許塗刷表面用
150g 細砂糖
2顆大的蛋，稍微打散
250g 自發麵粉，過篩
1小匙 泡打粉
150g 杏仁粉
1小匙 香草精
75ml 全脂牛奶
400g 去核櫻桃
25g 去皮杏仁，切碎

作法

1. 烤箱預熱至180˚C。烤模內抹油、底部鋪上烘焙紙。奶油和糖放在大碗中用電動攪拌器攪打至乳霜狀，打入一顆蛋，然後加1大匙麵粉，再加下一顆蛋。

2. 把剩下的麵粉、泡打粉、杏仁粉、香草精和牛奶一起加入奶油蛋糊混合均勻。拌入一半的櫻桃，然後把麵糊舀到模型中，抹平表面。把剩下的櫻桃和杏仁撒在表面。

3. 烤1小時30分鐘到1小時45分鐘，直到呈金棕色且摸起來結實，插入一根長籤，拔出來時不可沾黏。如果蛋糕還沒全熟顏色就開始變深，就用一張鋁箔紙蓋住。蛋糕烤好後，連烤模一起冷卻幾分鐘，再拿掉鋁箔紙和烘焙紙，放到網架上，等完全冷卻再上桌。

保存
這個蛋糕放在密封容器內可保存2天。

新鮮水果蛋糕的幾種變化

巴伐利亞李子蛋糕
(Bavarian Plum Cake)

巴伐利亞的甜點烘焙非常有名。這個不常見的蛋糕其實是甜麵包和卡士達水果塔的混合體。

8-10人份　35-40分鐘　50-55分鐘　可保存4週

總發酵時間
2小時-2小時45分

特殊器具
28cm塔模

材料
1.5小匙 乾酵母
蔬菜油，塗刷表面用

375g 中筋麵粉，另備少許防沾用
2大匙 細砂糖
1小匙 鹽
3顆蛋
125g 無鹽奶油，軟化，另備少許塗刷表面用

內餡部分
2大匙 乾的麵包粉
875g 紫色李子，去籽、切成4瓣
2個蛋黃
100g 細砂糖
60ml 重乳脂鮮奶油

作法

1. 酵母撒在裝了60ml溫水的小碗中。靜置5分鐘等酵母溶解。在另一個碗內抹少許油。把麵粉篩在工作檯面上，中央挖一個洞，加入糖、鹽、酵母溶液和蛋。

2. 把麵粉揉成柔軟的麵團，如果很黏手就多加一些麵粉。在撒了麵粉的工作檯上揉10分鐘，直到麵團有彈性。需要時，可以多加些麵粉，最後做出來的麵團應該稍微有點黏性，但又可以輕鬆從工作檯上剝離。

3. 把奶油揉進麵團裡，一邊捏、一邊擠壓，讓奶油融合，然後揉到光滑。把麵團揉成球狀，放在抹了油的碗裡，蓋好，放進冰箱發酵1.5-2小時，也可以放過夜，直到麵團的體積膨脹成兩倍。

4. 塔模內抹油。把冰涼的布里歐榭麵團再稍微揉一下，擠出麵團裡的空氣。工作檯面撒上麵粉，把麵團擀成32cm的圓形麵皮。用擀麵棍把麵皮捲起來，鬆鬆地蓋在塔模上。把麵團壓進模型裡，多餘的部分切掉。

5. 將麵包屑撒在麵團上，李子塊切面朝上，在布里歐榭麵皮上排成同心圓狀。在室溫中靜置30-45分鐘，直到麵團邊緣鼓脹起來。同時將烤箱預熱至220˚C，並放一個烤盤在烤箱內一起加熱。

6. 製作卡士達醬：把蛋黃和三分之二的糖放進大碗中，加入重乳脂鮮奶油，攪拌均勻、靜置備用。

7. 把剩下的糖撒在李子上。把塔放在烤熱的烤盤上，送進烤箱烤5分鐘。從烤箱中移出，把烤箱溫度降至180˚C。

8. 把卡士達醬舀到塔模裡的水果上，再把水果塔放回烤箱。繼續烤45分鐘，直到麵團烤成褐色、水果柔軟、卡士達醬也凝固了。放在網架上冷卻，趁熱或等涼了再吃都可以。

保存
這個蛋糕放在密閉容器裡，放在冰箱內可保存2天。

烘焙師小祕訣
卡士達千萬不能烤到完全凝固才從烤箱裡拿出來。搖晃模型的時候，卡士達中央必須會微微晃動，否則卡士達就會變得又韌又硬，而不是又滑又嫩。

巴伐利亞李子蛋糕

香蕉麵包

熟透的香蕉壓成泥，烤出這款香甜的速發麵包。香料和堅果增添了風味和酥脆口感。

可做2條　20-25分鐘　35-40分鐘　可保存8週

特殊器具
2個 450g 的長條形烤模

材料

無鹽奶油，塗刷表面用
375g 高筋白麵粉，另備少許防沾用
2小匙 泡打粉
2小匙 肉桂粉
1小匙 鹽
125g 核桃，大致切碎
3顆蛋

3條成熟的香蕉，去皮切片
1顆檸檬的皮屑和果汁
125ml 蔬菜油
200g 一般砂糖（granulated sugar）
100g 鬆軟的黑糖
2小匙 香草精
奶油乳酪或奶油，搭配食用（可省略）

1. 烤箱預熱至180℃，兩個模型都徹底抹上奶油。

2. 撒2-3大匙的麵粉到模型中，翻轉模型，讓麵粉均勻分布在模型內，最後拍掉多餘的麵粉。

3. 麵粉、泡打粉、肉桂粉和鹽篩入大碗中，拌入核桃。

4. 麵粉中央挖個洞，準備倒入溼性材料。

5. 在另一個大碗裡把蛋用叉子或打蛋器打散。

6. 香蕉放進另一個大碗，用叉子壓成滑順的泥狀。

7. 把香蕉拌入蛋液，攪拌均勻，加入檸檬皮屑，也攪拌均勻。

8. 加入油、一般砂糖和黑糖、香草精和檸檬汁，攪拌到均勻。

9. 把四分之三的香蕉蛋糊倒入麵粉中央的洞，攪拌。

日常蛋糕

60

把乾性材料慢慢拌入溼性材料中，再加入剩下的香蕉蛋糊。

11. 攪拌至滑順即可。如果麵糊攪拌過頭，香蕉麵包會變得很硬。

12. 把麵糊平均裝入兩個模型。應該剛好可以各裝半滿。

烤35-40分鐘，直到麵團稍微脫離模型側邊。

用長籤插入麵包中心測試，拔出來時不沾黏即可。

連同模型一起稍微冷卻一下，然後脫模放到架上徹底冷卻。

16. 上桌時切片，抹上奶油乳酪或奶油。烤過也很好吃。 **保存** 這個麵包放在密封容器中可以保存3-4天。

長條型蛋糕的幾種變化

蘋果長條蛋糕

這份食譜使用蘋果和全麥麵粉，做出來的蛋糕比較健康。

可做1條　30分鐘　40-50分鐘　可保存8週

特殊器具

900g 長條形烤模

材料

120g 無鹽奶油，軟化，另備少許塗刷表面用
60g 鬆軟的紅糖
60g 細砂糖
2顆蛋
1小匙 香草精
60g 自發麵粉，另備少許沾裹蘋果用
60g 全麥自發麵粉
1小匙 泡打粉
2小匙 肉桂粉
2個蘋果，去皮、去芯、切丁

作法

1. 烤箱預熱至180˚C，模型內抹油，底部鋪上烘焙紙。奶油和糖放進大碗打勻。

2. 一次打一顆蛋進去攪打均勻，再加入香草精拌勻。另取一個大碗，把麵粉、泡打粉、肉桂粉都篩在一起。把乾性材料輕輕拌入奶油蛋糊中，混合均勻。

3. 蘋果丁加一些自發麵粉，搖晃均勻，再拌入麵糊中。把麵糊倒入模型，放在烤箱中層烤40-50分鐘，直到蛋糕呈金棕色。稍微冷卻一下，再脫模放在網架上。

保存

這個蛋糕放在密封容器中可保存3天。

山胡桃蔓越莓長條蛋糕

相較於比較常用的淡黃無子葡萄乾和葡萄乾，蔓越莓乾是比較新穎的選擇，為這個健康的蛋糕增添了酸酸甜甜的風味。

可做1條　30分鐘　50-60分鐘　可保存4週

特殊器具

900g 長條形烤模

材料

100g 無鹽奶油，另備少許塗刷表面用
100g 鬆軟的紅糖
75g 蔓越莓乾，大致切碎
50g 山胡桃，大致切碎
2個柳橙的皮屑和一個柳橙的汁
2顆蛋
125ml 牛奶
225g 自發麵粉
1/2小匙 泡打粉
1/2小匙 肉桂粉
100g 糖粉，篩過

作法

1. 烤箱預熱至180˚C，模型內抹油，並鋪上烘焙紙。鍋中融化奶油，稍微冷卻後，加入糖、蔓越莓、山胡桃和一顆柳橙的皮屑。把蛋和牛奶攪打在一起，也拌入奶油糖漿裡。

2. 另取一個大碗，篩入麵粉、泡打粉和肉桂粉。加到奶油糖漿中，輕輕拌勻，倒入模型中。放在烤箱中層烤50-60分鐘，稍微冷卻後即可脫模。

3. 把糖粉和剩下的皮屑混合均勻，加入足量柳橙汁，調成可以滴落的濃度。把糖霜淋在冷卻的蛋糕上，等糖霜乾了即可切片。

保存

放在密封容器中可保存3天。

地瓜麵包

名字聽起來像鹹的，但這可是不折不扣的甜蛋糕，外觀和質地都跟香蕉麵包很像

可做1條　10分鐘　1小時　可保存4週

特殊器具

900g 長條形烤模

材料

100g 無鹽奶油，軟化，另備少許塗刷表面用
175g 地瓜，去皮、切丁
200g 中筋麵粉
2小匙 泡打粉
1撮鹽
1/2小匙 綜合香料
1/2小匙 肉桂粉
125g 細砂糖
50g 山胡桃，大致切碎
50g 切碎的椰棗
100ml 葵花油
2顆蛋

作法

1. 長條形烤模抹油並鋪上烘焙紙。地瓜放在鍋子裡，加水到淹過地瓜，煮沸後轉小火，繼續煮約10分鐘，煮到地瓜變軟。壓成泥，冷卻備用。

2. 烤箱預熱至170˚C。麵粉、泡打粉、鹽、香料和糖一起篩入大碗中，加入山胡桃和椰棗一起攪拌均勻。然後在中央挖個洞。

3. 另取一個容器，把蛋和油打到乳化。加入地瓜，攪拌至滑順。倒進麵粉材料，攪拌到完全均勻且滑順。

4. 把麵糊倒入模型，用抹刀抹平表面，放在烤箱中層烤1小時，直到均勻膨脹，且長籤插進去再拔出來是乾淨的。先連模型一起冷卻5分鐘，再脫模。

保存

這個蛋糕放在密封容器內可以保存3天。

日常蛋糕

節慶蛋糕
celebration cakes

豐盛水果蛋糕（Rich Fruit Cake）

這份食譜做出來的是非常溼潤、豐富的水果蛋糕，適合耶誕節、婚禮、洗禮或生日。

16人份　25分鐘　2.5小時

浸泡時間
隔夜

特殊器具
20-25cm 的圓形深蛋糕模

材料
200g 淡黃無子葡萄乾
400g 葡萄乾
350g 黑棗乾，切碎
350g 蜜漬櫻桃
2顆小的點心蘋果，去皮、去芯、切丁

600ml 蘋果酒
4小匙 綜合香料
200g 無鹽奶油，軟化
175g 黑糖
3顆蛋，打散
150g 杏仁粉
280g 中筋麵粉
2小匙 泡打粉
400g 現成杏仁膏（marzipan）

2-3大匙 杏桃果醬
3顆大蛋的蛋白
500g 糖粉

1. 淡黃無子葡萄乾、葡萄乾、黑棗乾、櫻桃、蘋果、蘋果酒和香料一起放在鍋子裡。

2. 蓋上蓋子，以中小火燉煮20分鐘，直到大部分液體都被水果吸收。

3. 離火，在室溫下靜置一夜，水果會把液體吸收掉。

4. 烤箱預熱至160°C，模型內鋪兩層烘焙紙。

5. 奶油和糖放在大碗內，用電動攪拌器攪打至蓬鬆。

6. 一次加入一點點蛋液，每次都要攪打到非常均勻才可以再加，以免結塊。

7. 把水果和杏仁粉輕輕拌進奶油糖霜裡，盡量不要讓體積縮小。

8. 把麵粉和泡打粉篩進這一碗材料中，輕輕拌勻。

9. 將麵糊倒入預備好的模型中，蓋上鋁箔紙，烤2.5小時。

. 測試蛋糕是否已經烤熟：用長籤插入蛋糕中，拔出來時應該是乾淨的。

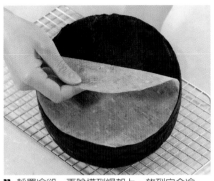

11. 靜置冷卻，再脫模到網架上，放到完全冷卻。撕掉烘焙紙。

12. 把蛋糕的表面修平。移到蛋糕台上，用杏仁膏固定。

. 果醬加熱，在整個蛋糕上塗抹厚厚的一層。樣可以讓杏仁膏黏緊。

14. 在撒了少許麵粉的工作檯面上，把剩下的杏仁膏揉到變軟。

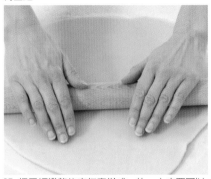

15. 把已經變軟的杏仁膏擀成一片，大小要可以蓋住整個蛋糕。

. 用擀麵棍提起杏仁膏，蓋在蛋糕上。

17. 用雙手輕輕地把杏仁膏壓順，突起的部分都要抹平。

18. 用銳利的小刀，把蛋糕底部多餘的杏仁膏切掉。

. 蛋白放在大碗中，篩入糖粉，攪拌均勻。

20. 蛋白糖霜用電動攪拌器打10分鐘，打至硬性發泡。

21. 把糖霜用抹刀抹在蛋糕表面。**事先準備** 未抹糖霜的蛋糕可以保存8週。

豐盛水果蛋糕

水果蛋糕的幾種變化

黑棗乾巧克力點心蛋糕
（Prune Chocolate Dessert Cake）

浸泡過的黑棗乾，賦予這款色深味濃的蛋糕一種溫暖的深層風味，是冬季時節的完美點心。

8-10人份　　30分鐘　　40-45分鐘　　可保存8週

浸泡時間
一整夜

特殊器具
22cm圓形彈性邊框活動蛋糕模

材料
100g 可即食的黑棗乾，切碎
100ml 白蘭地或冷紅茶
125g 無鹽奶油，另備少許塗刷表面用
250g 優質黑巧克力，掰成小塊
3顆蛋，蛋黃蛋白分開
150g 細砂糖
100g 杏仁粉
可可粉，篩過，撒在表面用
重乳脂鮮奶油 打發，搭配食用（可省略）

作法

1. 黑棗乾在白蘭地或紅茶裡浸泡一夜。準備烤蛋糕時，將烤箱預熱到180°C。模型內抹油，底部鋪上烘焙紙。

2. 在一鍋微微沸騰的水上架一個耐熱的大碗，巧克力和奶油放進大碗中融化，然後冷卻。用電動攪拌器把蛋黃和糖打在一起。蛋白另外打到軟性發泡。

3. 把冷卻的巧克力拌入蛋黃液中，再加入杏仁粉、黑棗乾以及浸泡汁攪拌均勻。把2大匙的蛋白加到混合材料中打勻，讓材料軟一點，再把剩下的蛋白都輕輕拌進去。

4. 把麵糊倒入模型中，烤40-45分鐘，直到表面有彈性，但中心應該要有點軟。把蛋糕連同模型一起冷卻幾分鐘，再脫模放到網架上冷卻。撕掉烘焙紙。

5. 把蛋糕翻轉過來上桌，因為這樣表面看起來會比較平滑。撒上可可粉，搭配鮮奶油一起食用。

事先準備

放在密封容器中可以保存5天。

紅茶麵包
（Tea Bread）

這是一道簡單的食譜，別忘了浸泡水果乾的茶湯也要用喔。

8-10人份　　20分鐘　　1小時　　可保存4週

浸泡時間
一夜

特殊器具
900g 長條形烤模

材料
250g 綜合水果乾（淡黃無子葡萄乾、葡萄乾、醋栗、綜合果皮）
100g 鬆軟的紅糖
250ml 冷紅茶
無鹽奶油，塗刷表面用
50g 核桃或榛果，大致切碎
1顆蛋，打散
200g 自發麵粉

作法

1. 水果乾和糖混合均勻，放在冷紅茶中浸泡一夜。準備烤時，將烤箱預熱至180°C。模型內抹油，底部鋪上烘焙紙。

2. 把堅果和蛋加入泡好的水果乾中，攪拌均勻，麵粉直接篩在上面，然後徹底攪拌均勻。

3. 放在烤箱中層烤1個小時，或直到蛋糕表面呈深金棕色，摸起來有彈性。

4. 蛋糕連模型一起稍微涼一下，再脫模放在網架上徹底冷卻。撕掉烘焙紙。切片或抹上奶油回烤一下最好吃。

保存

這個麵包放在密封容器中可保存5天。

清爽水果蛋糕

不是每個人都喜歡經典的豐盛水果蛋糕，尤其是吃過一頓豐盛的大餐之後。這個比較清爽的版本做起來又快又簡單，水果用量也沒有那麼大。

8-12人份　25分鐘　1小時45分　可保存8週

特殊器具
20cm 的圓形深蛋糕模

材料
175g 無鹽奶油，軟化
175g 鬆軟的紅糖
3顆大的蛋
250g 自發麵粉，篩過
2-3大匙 牛奶

300g 綜合水果乾（淡黃無子葡萄乾、葡萄乾、蜜清櫻桃及綜合果皮）

作法

1. 烤箱預熱至180˚C。模型內鋪烘焙紙。

2. 大碗中把奶油和糖用電動攪拌器攪打至顏色發白、呈乳霜狀。把蛋一顆一顆打入，每加一顆，都要再加入少許麵粉。把剩下的麵粉和牛奶拌進去，加入水果乾輕輕拌勻。

3. 把麵糊舀入模型中，抹平表面，烤1小時30分到1小時45分，直到摸起來結實、且插入長籤再拔出來時不沾黏即可。連同烤模一起放到完全冷卻。撕掉烘焙紙。

保存

這個蛋糕放在密封容器中可保存3天。

李子布丁（Plum Pudding）

這是一道經典的聖誕點心，因為裡面放了李子乾（黑棗乾），所以叫李子布丁。不過這份食譜以奶油取代了傳統使用的牛板油（beef suet）。

8-10人份　45分鐘　8-10小時　可保存1年

浸泡時間
一夜

特殊器具
1kg 布丁碗

材料
85g 葡萄乾
60g 醋栗
100g 淡黃無子葡萄乾
45g 綜合果皮，切碎
115g 綜合水果乾，如無花果、椰棗和櫻桃
150ml 啤酒

1大匙 威士忌或白蘭地
1顆柳橙的皮屑及果汁
1顆檸檬的皮屑及果汁
85g 即食黑棗乾，切碎
150ml 冷紅茶
1顆點心蘋果，去皮、去芯、刨絲
115g 無鹽奶油，融化，另備少許塗刷表面用
175g 鬆軟的黑糖
1大匙 黑糖蜜
2顆蛋，打散
60g 自發麵粉
1小匙 綜合香料
115g 新鮮白麵包屑
60g 切碎的杏仁
白蘭地奶油、鮮奶油、或卡士達醬，搭配食用（可省略）

作法

1. 把前面9種材料放在大碗中，攪拌均勻。黑棗乾另外放進小碗，加入紅茶。兩個碗都蓋好，浸泡一夜。

2. 黑棗乾瀝乾，剩下的茶湯倒掉。把黑棗乾和蘋果和其他的水果乾加在一起，再加入奶油、糖、糖蜜、蛋，攪拌均勻。

3. 篩入麵粉和綜合香料，拌入麵包屑和杏仁。攪拌至所有材料混合均勻。

4. 布丁碗內抹油，倒入麵糊。用兩層烘焙紙和一層鋁箔紙蓋住碗口，用繩子綁好，然後把布丁碗放在一鍋微微沸騰的水裡，

鍋裡的水至少要淹到碗的一半高度。蒸8-10小時。

5. 定期察看，確認水位沒有降得太低。搭配白蘭地奶油、鮮奶油或卡士達醬食用。

事先準備

如果密封妥當，放在涼爽的地方，這種布丁可以保存1年。

烘焙師小祕訣

長時間蒸布丁的時候，要隨時注意水量，不要讓水位下降太多，這點非常重要。有幾個簡單的辦法可以避免。可以設定鬧鐘每小時響一次、提醒自己檢查水量，也可以放一顆彈珠在鍋子裡，水位下降的時候石頭就會震動、發出聲響。

節慶蛋糕

史多倫 (Stollen)

這種放了很多水果乾、非常豐富的甜麵包源自德國，傳統上是在耶誕節食用，是耶誕蛋糕和英式百果派（minced pie）以外的另類好選擇。

12人份　30分鐘　50分鐘　可保存4週

浸泡時間
一夜

總發酵時間
2-3小時

材料
200g 葡萄乾
100g 醋栗
100ml 蘭姆酒

400g 高筋白麵粉，另備少許撒在表面用
2小匙 乾酵母
60g 細砂糖
100ml 牛奶
1/2小匙 香草精
1撮鹽
1/2小匙 綜合香料
2顆大的蛋
175g 無鹽奶油，軟化並切丁
200g 綜合果皮
100g 杏仁粉
糖粉，撒在表面用

作法

1. 葡萄乾和醋栗放進大碗，加入蘭姆酒，浸泡一夜。

2. 第二天，把麵粉篩進大碗，中間挖一個洞，撒上酵母，加1小匙糖。小火把牛奶加熱到微溫，倒在酵母上，在室溫下靜置15分鐘，或直到起泡。

3. 加入剩下的糖、香草精、鹽、綜合香料、蛋和奶油。用木匙把所有材料攪拌均勻，揉5分鐘直到麵團光滑。

4. 麵團移到撒了少許麵粉的工作檯面上，加入綜合果皮、葡萄乾、醋栗和杏仁，揉幾分鐘，直到均勻。將麵團放回大碗，用保鮮膜鬆鬆蓋住，放在溫暖的地方發酵1-1.5小時，直到體積膨脹成兩倍。

5. 烤箱預熱至160°C，在一個烤盤上鋪烘焙紙。在撒了粉的工作檯面上把麵團**擀**成30×25cm的長方形，把其中一個長邊摺到中線附近，然後把另一個長邊拉過來蓋住第一個長邊，上面要稍微彎一下，做出

史多倫的形狀。移到烤盤上，放到溫暖的地方發酵1-1.5小時，直到體積膨脹成兩倍。

6. 放進烤箱烤50分鐘，直到麵團膨脹並呈淡金色。烤30-35分鐘後要先檢查，看看是否上色太快，如果變得太黑，就蓋張鋁箔紙、繼續烤。烤好後移到網架上放到完全冷卻，再撒上足量糖粉。

保存
史多倫麵包放在密封容器裡可以保存4天。

烘焙師小祕訣

史多倫可以用各種水果乾組合來做。可以像這份食譜一樣直接吃，也可以夾一層杏仁膏或杏仁奶油。沒吃完的史多倫拿來當早餐也很棒，稍微烤一下、塗上奶油即可。

節慶蛋糕

栗子巧克力捲

這種海綿蛋糕捲夾的是拌了打發鮮奶油的濃郁栗子泥，最適合冬季的慶祝場合。

8-10人分	50-55分鐘	5-7分鐘	未夾餡可保存8週

特殊器具
30×37cm的瑞士捲蛋糕模
擠花袋和星形擠花嘴

材料
奶油，塗刷表面用
35g 可可粉
1大匙 中筋麵粉
1撮鹽
5顆蛋，蛋黃蛋白分開
150g 細砂糖

內餡部分
125g 栗子泥
2大匙 深色蘭姆酒
175ml 重乳脂鮮奶油
30g 優質黑巧克力，掰成小塊
細砂糖 適量（可省略）

裝飾部分
50g 細砂糖
2大匙 深色蘭姆酒
125ml 重乳脂鮮奶油
黑巧克力，用蔬果刨皮器刨成巧克力刨花

1. 烤箱預熱至220°C。烤盤內刷上奶油，鋪上烘焙紙。

2. 可可粉、麵粉和鹽一起篩入大碗，備用。

3. 用三分之二的糖打發蛋黃，打到能在表面留下絲帶狀的痕跡。

4. 蛋白攪打到硬性發泡。撒入剩下的糖，繼續打至光亮。

5. 把三分之一的可可粉混合材料篩在蛋黃材料上，加入三分之一的蛋白。

6. 輕輕攪拌均勻。把剩下的可可材料和蛋白分成兩批加入。

7. 把麵糊倒入準備好的烤盤中，均勻鋪滿。

8. 放在烤箱底部烤5-7分鐘，蛋糕應該會膨脹，且剛剛好變硬。

9. 把蛋糕從烤箱中拿出來，倒扣在潮溼的茶巾上，撕掉烘焙紙。

. 用茶巾把蛋糕緊緊捲起來、包好，就這樣放涼。

11. 把栗子泥和蘭姆酒一起放入大碗，鮮奶油打到呈軟性發泡。

12. 巧克力放在一鍋微微沸騰的熱水上方融化，然後拌入栗子泥中。

. 把巧克力栗子泥拌入鮮奶油中，根據個人喜好加入適量的糖。

14. 50g的糖加入4大匙水中，小火加熱1分鐘，冷卻後加入蘭姆酒攪拌均勻。

15. 把蛋糕放在一張乾淨的烘培紙上打開，刷上糖漿，並抹上栗子泥餡料。

. 利用蛋糕底下的烘培紙，小心地捲起抹好餡料的蛋糕，捲得愈緊愈好。

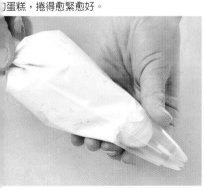

. 把剩下的糖和鮮奶油一起打到硬性發泡，裝進擠花袋。

18. 用鋸齒刀修齊蛋糕捲的邊緣。把蛋糕捲移到大盤子上，用打發的鮮奶油和巧克力刨花裝飾。當天吃最美味。

栗子巧克力捲

巧克力捲的幾種變化

巧克力原木蛋糕

這是經典的耶誕節蛋糕，用覆盆子搭配黑巧克力。

10人份　30分鐘　15分鐘　可保存24週

特殊器具
20×28cm瑞士捲蛋糕模

材料
3顆蛋
85g 細砂糖
85g 中筋麵粉
3大匙 可可粉
1/2小匙 泡打粉
糖粉，裝飾用
200ml 重乳脂鮮奶油
140g 黑巧克力，切碎
3大匙 覆盆子果醬

作法
1. 烤箱預熱至180°C，瑞士捲蛋糕模型內鋪上烘焙紙。

2. 蛋和糖加1大匙水，一起攪打至顏色發白且輕盈。把麵粉、可可粉和泡打粉篩入打發的蛋，小心但迅速地攪拌均勻。

3. 把麵糊倒入模型中，烤12分鐘，直到摸起來有彈性。把蛋糕倒扣在一張烘焙紙上，蛋糕底部的烘焙紙撕掉丟棄，用新的這張烘焙紙把蛋糕捲起來，靜置冷卻。

4. 製作糖霜：把鮮奶油倒進小鍋，煮到沸騰、關火。加入切碎的巧克力，靜置讓巧克力融化，不時攪拌。讓巧克力鮮奶油冷卻、變濃稠。

5. 把蛋糕捲展開，表面抹上覆盆子果醬。把三分之一的糖霜抹在果醬上，再把蛋糕捲好，接縫處朝下放。把剩下的糖霜抹在蛋糕捲表面。用叉子在蛋糕捲上面沿長邊和兩側畫出木紋。移到大盤子裡，撒上糖粉。

保存
這個蛋糕冰起來可以保存2天。

義大利杏仁餅巧克力捲

這種美麗又罪惡的蛋糕捲裡有壓碎的義大利杏仁餅，多了一分爽脆的口感。

6-8人份　25-30分鐘　20分鐘　未夾餡可保存8週

特殊器具
20×28cm瑞士捲蛋糕模型

材料
6顆大的蛋，蛋黃蛋白分開
150g 細砂糖
50g 可可粉，另備少許裝飾用
糖粉，裝飾用
300ml 重乳脂鮮奶油或打發鮮奶油
2-3大匙 義大利杏仁利口酒（amaretto）或白蘭地
20片義大利杏仁餅（Amaretti biscuit），壓碎，另外準備兩片裝飾用
50g 黑巧克力

作法
1. 烤箱預熱至180°C。蛋糕模型內鋪上烘焙紙。把蛋黃和糖放進大碗，架在一鍋微微沸騰的水上，用電動攪拌器攪打10分鐘，直到呈乳霜狀。從熱源上移開。蛋白放進另一個大碗，用乾淨的攪拌器攪打到呈軟性發泡。

2. 可可粉篩到蛋黃糖霜裡，和蛋白一起輕輕拌勻。倒入模型，四個角落都要鋪滿。烤20分鐘，或直到摸起來剛好是結實的。稍微冷卻一下，再小心地把蛋糕倒扣在一張撒了糖粉的烘焙紙上。冷卻30分鐘。

3. 以電動攪拌器把鮮奶油攪打到軟性發泡，把蛋糕的邊緣修整齊，灑上杏仁利口酒或白蘭地。抹上鮮奶油、撒上杏仁餅碎片，再把大部分的巧克力刨上去。

4. 從其中一個短邊開始捲，用烘焙紙輔助，盡量捲緊。接縫處朝下放在大盤中。把多準備的餅乾壓碎、撒在蛋糕表面，刨上剩下的巧克力，撒一點糖粉和巧克力粉。做完當天吃最美味。

巧克力奶油霜捲

這道瑞士捲的巧克力變化版作法很簡單，也最能打動小朋友——非常適合孩子的派對。

8-10人份　20-25分鐘　10分鐘

特殊器具
20×28cm 瑞士捲蛋糕模

材料
3顆大的蛋
75g 細砂糖
50g 中筋麵粉
25g 可可粉，另備少許裝飾用
75g 奶油，軟化
125g 糖粉

作法
1. 烤箱預熱至200°C，蛋糕模型內鋪上烘焙紙。在一鍋微微沸騰的水上架一個耐熱的大碗，裡面放蛋和糖，用電動攪拌器攪打5-10分鐘，打成濃稠的乳霜狀。移開熱源，篩入麵粉和可可粉，拌勻。

2. 麵糊倒入模型中，烤10分鐘，或直到摸起來有彈性。蓋上一條潮溼的茶巾，放涼。把蛋糕倒扣在一張撒了可可粉的烘焙紙上，撕掉原本黏在底部的烘焙紙。

3. 奶油打到呈乳霜狀，每次加入少許糖粉一起攪打，然後把糖霜抹在海綿蛋糕上。以烘焙紙輔助，把蛋糕捲起來。

保存
這個蛋糕冰起來可以保存3天。

黑森林蛋糕（Black Forest Gâteau）

這種經典德式蛋糕最近又重拾榮耀，宴席上絕對少不了它。

8人份　55分鐘　40分鐘　可保存4週

材料

85g 奶油，融化，另備少許塗刷表面用
6顆蛋
175g 黃砂糖
125g 中筋麵粉
50g 可可粉
1小匙 香草精

內餡與裝飾部分

2罐425g 的去籽黑櫻桃，瀝乾，但保留6大匙的汁。其中一罐的櫻桃大致切碎。
4大匙 櫻桃白蘭地
600ml 重乳脂鮮奶油
150g 黑巧克力，磨碎

特殊器具

23cm 圓形彈性邊框活動蛋糕模
擠花袋與星形擠花嘴

1. 烤箱預熱至180°C。模型內抹油，並鋪上烘焙紙。

2. 取一個可以放在鍋子上的耐熱大碗，把蛋和糖放進去。

3. 把大碗放在一鍋微微沸騰的水上。不要讓碗底接觸到水。

4. 把蛋和糖用電動攪拌器攪打至顏色泛白且呈濃稠狀，提起攪拌器時會在表面留下清楚痕跡。

5. 離開熱源，繼續攪打5分鐘，或直到稍微冷卻。

6. 把麵粉和可可粉篩在一起，然後用抹刀輕輕拌入蛋糊中。

7. 拌入香草精和奶油。倒進準備好的模型中，抹平表面。

8. 放進烤箱烤40分鐘，或直到蛋糕膨脹，且邊緣略微往內縮。

9. 把蛋糕倒扣在網架上，撕掉烘焙紙，用乾淨的布蓋好，放涼。

. 小心地把蛋糕橫切成三片。用鋸齒刀慢慢切去。

11. 把留下來的櫻桃汁和櫻桃白蘭地加在一起，每一片蛋糕各淋上三分之一。

12. 另取一個大碗，把鮮奶油攪打至可以成形，不要打得太硬。

. 大盤子上放一片蛋糕，抹上鮮奶油，放上一分量的碎櫻桃。

14. 放上第二片海綿蛋糕，一樣抹奶油、放櫻桃。放上最後一片蛋糕。烤面朝上。壓一壓。

15. 側邊抹上一層鮮奶油。把剩下的鮮奶油放進擠花袋。

. 用抹刀把巧克力屑貼在側邊的奶油上。

. 在蛋糕最上層邊緣處擠一圈奶油花，裡面鋪整顆的櫻桃。

18. 剩下的巧克力屑均勻撒在鮮奶油花上，即可上桌。 **事先準備** 這個蛋糕封好冷藏，可保存3天。

黑森林蛋糕

81

奶油蛋糕的幾種變化

德式奶油乳酪蛋糕

這道經典德式點心是乳酪蛋糕和海綿蛋糕的綜合體。很適合當作派對點心，因為可以早早準備好。

8-10人份　40分鐘　30分鐘

冷藏時間

3小時，隔夜亦可

特殊器具

22cm 圓形彈性邊框活動蛋糕模

材料

150g 無鹽奶油，軟化，或軟的人造奶油，另備少許塗刷表面用

225g 細砂糖

3顆蛋

150g 自發麵粉

1小匙 泡打粉

2顆檸檬的皮屑和果汁，多準備1顆檸檬，刨出裝飾用的皮絲

5片吉利丁

250ml 重乳脂鮮奶油

250g 夸克乳酪（quark cheese），或見烘焙師小祕訣

糖粉，裝飾用

作法

1. 烤箱預熱至180˚C。模型內抹油並鋪上烘焙紙。

2. 奶油或人造奶油跟150g的糖一起攪打成乳霜狀。把蛋一次一顆加進去，攪打成滑順的乳霜狀。把麵粉和泡打粉篩進去，並把一半分量的檸檬皮屑也拌入麵糊。舀入模型中，烤30分鐘，或直到蛋糕均勻膨脹。把蛋糕倒扣在網架上，用鋸齒刀橫剖成兩片。放到完全冷卻。

3. 夾心部分：把吉利丁放進一碗冷水中浸泡幾分鐘，直到吉利丁變軟、可以彎折。在鍋中加熱檸檬汁，然後離火。把吉利丁片裡的水擠乾，再把吉利丁片加到檸檬汁裡。攪拌到融化之後，冷卻備用。

4. 把鮮奶油攪打到變硬。把夸克乳酪、剩下的檸檬皮屑和糖打在一起，再加入檸檬汁，和鮮奶油攪拌均勻。

5. 把鮮奶油夾心舀到其中一片蛋糕上，另一片蛋糕則切成八塊，排放在夾心上方。先把上層蛋糕切好，比較方便上桌時分切成小份。冷藏至少三小時或隔一夜。撒上糖粉和多預備的檸檬皮絲裝飾。

事先準備

可以提前三天做好，放在冰箱中冷藏。

巴伐利亞覆盆子蛋糕

不是覆盆子產季的時候，可以用冷凍覆盆子代替。

8人份　55-60分鐘　20-25分鐘

冷藏時間
4小時

特殊器具
22cm 圓形彈性邊框活動蛋糕模
果汁機

材料
60g 無鹽奶油，另備少許塗刷表面用
125g 中筋麵粉，另備少許防沾用
1撮鹽
4顆蛋，打散
135g 細砂糖
2大匙 櫻桃白蘭地

覆盆子鮮奶油部分
500g 覆盆子
3大匙 櫻桃白蘭地
200g 細砂糖
250ml 重乳脂鮮奶油
1公升 牛奶
1根香草莢，剖開，或2小匙香草精
10個蛋黃
3大匙 玉米粉（cornflour）
10g 吉利丁粉

作法

1. 烤箱預熱至220°C。模型內塗奶油，底部也鋪上塗了奶油的烘焙紙。撒上2-3大匙的麵粉。融化奶油，靜置冷卻。把麵粉和鹽篩進大碗。另取一個碗，放入蛋和糖，用電動攪拌器攪打5分鐘。

2. 把三分之一的麵粉混合材料篩入蛋糕材料中，輕輕拌勻。剩下的麵粉分成兩批拌入。倒入奶油，輕輕拌勻。把麵糊倒進模型，烤20-25分鐘，直到蛋糕膨脹。

3. 把蛋糕倒扣在網架上，放涼。撕掉烘焙紙，修平蛋糕的表面和底部。把蛋糕水平橫切成兩片。模型洗淨、擦乾、重新抹油。把一片蛋糕放進模型，淋上1大匙櫻桃白蘭地。

4. 用果汁機把四分之三的覆盆子打成泥，用篩網濾掉渣滓，加入1大匙櫻桃白蘭地和100g 糖。把鮮奶油攪打至軟性發泡。

5. 牛奶放進鍋子，選擇用香草莢的要趁這個時候加入。煮至沸騰。離火，蓋好，在溫暖的地方靜置5-10分鐘，撈掉香草莢。先取出四分之一的牛奶備用。把剩下的糖加到鍋裡的牛奶中拌勻。

6. 蛋黃和玉米粉放在碗裡打散，加入鍋裡的熱牛奶攪打至滑順。把蛋黃牛奶倒回鍋子裡，以中火加熱，持續攪拌，直到卡士達醬剛好沸騰。把之前另外留下的牛奶也加進去，選用香草精的則要在這個步驟加入。

7. 把卡士達醬平均濾進兩個大碗，靜置冷卻。其中一碗加入2大匙櫻桃白蘭地並攪拌均勻，準備跟完成的點心一起上桌。小鍋裡放4大匙水，加入吉利丁粉，靜置5分鐘軟化。然後加熱，讓吉利丁融化到可以倒出來的狀態。和覆盆子泥一起加入沒有調味的卡士達醬攪拌均勻。

8. 把這碗卡士達醬浸在一鍋冰水裡，持續攪拌到覆盆子卡士達醬變濃稠。把大碗從水中拿起來，將覆盆子卡士達醬拌入打發的鮮奶油。其中一半倒進蛋糕模型中，撒上幾顆事先留下來的完整覆盆子。再把剩下的巴伐利亞鮮奶油倒在覆盆子上。另一片蛋糕也淋上1大匙的櫻桃白蘭地。

9. 輕輕把另一片蛋糕壓在鮮奶油上，淋了白蘭地的那面朝下。用保鮮膜蓋好，放進冰箱冰至少4小時，直到變結實。上桌時，拆掉模型邊框，放在大盤子裡。用預留的覆盆子裝飾蛋糕表面，櫻桃白蘭地卡士達醬裝在另一個容器中，搭配食用。

事先準備

這個蛋糕可以在2天前先做好，放在冰箱裡，上桌前一小時再拆掉模型。

德國蜂螫蛋糕 (Bienenstich)

這道德國食譜原文直譯過來就是「蜂螫蛋糕」。據說裡面的蜂蜜會引來蜜蜂，叮咬烘焙師！

8-10人份　20分鐘　20-25分鐘

總發酵時間
1小時5分-1小時20分

特殊器具
20cm 圓形蛋糕模

材料
140g 中筋麵粉，另備少許作為手粉
15g 無鹽奶油，軟化並切丁，另備少許塗刷表面用
1/2小匙 細砂糖
1.5小匙 乾酵母
1撮鹽
1顆蛋
油，塗刷表面用

糖釉部分
30g 奶油
20g 細砂糖
1大匙 透明蜂蜜
1大匙 重乳脂鮮奶油
30g 杏仁片
1小匙 檸檬汁

卡士達奶油餡部分
250ml 全脂牛奶
25g 玉米粉
2根香草莢，垂直剖開，刮下籽，香草莢和籽都要保留
60g 細砂糖
3個蛋黃
25g 無鹽奶油，切丁

作法

1. 麵粉篩進大碗，迅速把奶油揉進去，再加入糖、酵母和鹽，混合均勻。把蛋打進去，加入少許水分，剛好可以揉成一個柔軟的麵團即可。

2. 放在撒了麵粉的工作檯面上揉5-10分鐘，或直到麵團光滑有彈性。放在乾淨、抹了油的大碗裡，用保鮮膜蓋好，放在溫暖的地方發酵45-60分鐘，或直到體積膨脹成兩倍。

3. 模型內抹油，底部鋪上烘焙紙。把麵團裡的空氣擠出來，擀成可以放進模型的圓餅狀。把麵皮壓進模型內，並用保鮮膜蓋好。靜置發酵20分鐘。

4. 製作糖釉：奶油放在小鍋中融化，加入糖、蜂蜜和鮮奶油。用小火加熱到糖溶解，然後轉大火，煮到沸騰。以小火讓糖漿沸騰3分鐘，然後離火，加入杏仁片和檸檬汁，冷卻。

5. 烤箱預熱至190°C。把糖釉小心地抹在整個麵團上，讓麵團再發酵10分鐘，然後烤20-25分鐘。如果蛋糕上色太快，就用鋁箔紙鬆鬆蓋住。烤好後讓蛋糕連模型一起冷卻30分鐘，再脫模放在網架上。

6. 同時製作卡士達奶油餡：牛奶倒進深鍋，加入玉米粉、香草籽、香草莢和一半分量的糖，用小火加溫。在另一個大碗裡把蛋黃和剩下的糖一起攪散，一邊攪打一邊慢慢加入熱牛奶。倒回鍋中，繼續攪拌加熱，直到沸騰，然後離火。

7. 立刻把整個鍋子浸在一碗冰水裡，撈出香草莢。卡士達醬一冷卻，就加入奶油，輕快地攪拌，直到醬汁光亮滑順。

8. 把蛋糕體水平橫切成兩片，抹上厚厚一層卡士達奶油餡在底下那一塊，有杏仁的那塊蓋在上面。放在大盤子中。

烘焙師小祕訣
傳統上，這道德式經典夾的是卡士達奶油醬（pastry cream），這份食譜就是如此。這種內餡滑順耆侈，在這年頭絕對是真正的享受。不過如果時間緊迫，也可以選擇較簡單的作法，就是用打發的重乳脂鮮奶油當夾心，只要加半小匙香草精增添香氣即可。

節慶蛋糕

德國蜂螫蛋糕

咕咕霍夫（Kugelhopf）

這個經典的咕咕霍夫裡面包著深色葡萄乾和切碎的杏仁，是亞爾薩斯最受歡迎的點心。撒在上面的糖粉暗示裡頭的餡料是甜的。

可做1個　45-50分鐘　45-50分鐘　可保存8週

總發酵時間
2-2.5小時

特殊器具
1公升的環形蛋糕模

材料
150ml 牛奶
2大匙 一般砂糖
150g 無鹽奶油，切丁，另備少許塗刷表面用
1大匙 乾酵母
500g 高筋白麵粉
1小匙 鹽
3顆蛋，打散
90g 葡萄乾
60g 去皮杏仁，切碎，另外準備7顆完整的去皮杏仁
糖粉，裝飾用

作法

1. 牛奶放在鍋中煮沸，取4大匙放在碗裡，冷卻至微溫。糖和奶油加到鍋裡剩下的牛奶中，攪拌至融化。靜置放涼。

2. 把酵母撒在碗裡的牛奶中，靜置5分鐘待酵母溶解，攪拌一次。把麵粉和鹽篩在另一個大碗裡，加入溶解的酵母、蛋和鍋子裡的牛奶。

3. 慢慢把麵粉和其他材料拌成光滑的麵團。揉5-7分鐘，直到非常有彈性且黏手。用溼茶巾蓋好，放在溫暖的地方發酵1-1.5小時，或直到體積膨脹成兩倍。

4. 同時，模型內抹上奶油，把模型拿去冷凍，直到奶油變硬（約10分鐘），然後拿出來，再抹一次奶油。把沸水倒在葡萄乾上，讓葡萄乾吸水膨脹。

5. 用手把麵團裡的空氣輕輕擠出來。葡萄乾瀝乾，保留7顆，其餘的和切碎的杏仁一起揉入麵團。把預留的葡萄乾和整顆的杏仁排在模型底部。

6. 麵團整形、放入模型，用茶巾蓋住，放在溫暖的地方發酵30-40分鐘，直到麵團剛好膨脹到超出模型頂部。烤箱預熱至190℃。

7. 把咕咕霍夫烤到膨脹、呈棕色，且麵包邊緣開始脫離烤模。應該需要45-50分鐘。從烤箱取出後，讓咕咕霍夫稍微涼一下，再倒扣在網架上，放到完全冷卻。上桌前再撒上糖粉。

保存
咕咕霍夫放在密封容器中可以保存3天。

烘焙師小祕訣

咕咕霍夫的麵團非常黏，自然會讓人想多加麵粉，讓麵團感覺起來比較像傳統麵團。但是，請抗拒這種誘惑，因為這樣會讓咕咕霍夫變得太硬。

栗子千層派（Chestnut Millefeuille）

這道一定能博得滿堂彩的點心其實很容易做，而且可以提前6小時做好，冷藏起來。

8人份　2小時　20-25分鐘

冷藏時間
1小時

材料
375ml 牛奶
4個蛋黃
60g 一般砂糖
3大匙 中筋麵粉，篩過
2大匙 深色蘭姆酒
600g 酥皮麵團，現成的
250ml 重乳脂鮮奶油

500g 糖漬栗子，大致壓碎
45g 糖粉，多準備一些備用

1. 牛奶放在鍋裡，中火加熱，直到牛奶微微沸騰。離火。

2. 蛋黃和砂糖一起攪拌至濃稠，拌入麵粉。

3. 慢慢把牛奶拌入蛋糊中，攪拌至滑順。倒進乾淨的鍋子裡。

4. 煮到沸騰，不斷攪拌至變濃稠。把火關小，繼續攪拌2分鐘。

5. 如果結塊，先讓鍋子離火，攪拌到恢復滑順。

6. 放涼後，再加入蘭姆酒攪拌均勻。倒進大碗，蓋上保鮮膜，冷藏1小時。

7. 烤箱預熱至200°C。在烤盤上均勻灑上冷水。

8. 把酥皮麵團擀成比烤盤略大的長方形，厚度約為3mm。

9. 用擀麵棍捲起麵皮，移到烤盤上打開，邊緣多餘的部分垂掛在外。

0. 把麵皮輕輕壓在烤盤上,再冷藏約15分鐘。

11. 用叉子在整片麵皮上四處戳洞。蓋上烘焙紙,上面放一個網架。

12. 烤15-20分鐘。從烤箱中取出,同時握住烤盤和網架,把酥皮倒扣出來。

3. 把烤盤塞回酥皮底下,再烤10分鐘。

14. 從烤箱中拿出來,小心地把酥皮滑到砧板上。

15. 趁熱用銳利的大刀把邊緣修整齊。

6. 把修齊的酥皮縱向切成大小均等的3片。靜置冷卻。

17. 把鮮奶油倒進大碗,攪打到有相當硬度。

18. 用大的金屬湯匙,把打發的鮮奶油加進已冷卻的卡士達醬裡輕輕拌勻。

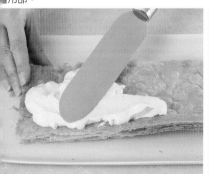

9. 用抹刀把一半分量的卡士達奶油均勻抹在長條酥皮上。

20. 撒上一半的栗子。重複同樣的步驟,做好第二層,再蓋上最後一片酥皮。

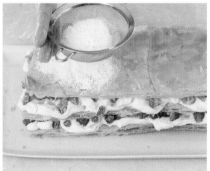

21. 撒上糖粉,用鋸齒刀分切成適當大小。

千層派的幾種變化

巧克力千層派

這個版本以黑巧克力奶油當夾心，再以白巧克力醬裝飾，蘊含了大量令人驚喜的元素。

8人份　2小時　25-30分鐘

冷卻時間
1小時

材料
1份卡士達奶油，見88頁，步驟1-5
2大匙 白蘭地
600g 酥皮麵團，現成的
375毫升 重乳脂鮮奶油
50g 黑巧克力，融化並冷卻
30g 白巧克力，融化並冷卻

作法

1. 把白蘭地加進奶油中攪拌均勻，蓋上保鮮膜，冷藏1個小時。烤箱預熱至200℃。

2. 在一個烤盤上灑冷水。把酥皮麵團擀開成比烤盤大一點的長方形，移到烤盤上，讓麵皮的邊邊垂掛下來。把麵皮往下壓，冷藏15分鐘，用叉子在麵皮上四處戳洞。用烘焙紙蓋起來，再放上一個網架。烤15-20分鐘，直到酥皮開始轉成褐色。同時握住烤盤和網架，把酥皮倒扣出來，再

把烤盤塞回酥皮底下，繼續烤10分鐘，直到兩面都烤成褐色。從烤箱中拿出來，滑到砧板上。趁熱把邊緣修整齊，然後縱切成均等的3片。靜置冷卻。

3. 內重乳脂鮮奶油打到硬，然後和三分之二的融化黑巧克力一起拌入卡士達奶油。蓋好並冷藏。剩下的融化巧克力抹在其中一片酥皮上，整片塗滿，靜置，讓巧克力凝固。

4. 把另一片酥皮放在盤子上，抹上一半分量的卡士達奶油，蓋上另一片酥皮，再抹上剩下的卡士達奶油。抹了巧克力的那片酥皮蓋在最上面。

5. 把白巧克力醬放在塑膠袋的一個角落。扭轉塑膠袋，讓巧克力集中，然後把那個角的尖端剪掉。在千層派的表層擠上白巧克力線條。

事先準備

這道甜點可以提前做好，最多可以冷藏6個小時。

香草千層派

經典的酥皮，夾著濃濃的卡士達醬和馥郁甜美的果醬。

可做6個　2小時　25-30分鐘

冷藏時間
1小時

特殊器具
小擠花袋和細花嘴

材料
250ml 重乳脂鮮奶油
1份卡士達奶油，見第88頁，步驟1-5
600g 酥皮麵團，現成的
100g 糖粉
1小匙 可可粉
半罐 無顆粒的草莓果醬或覆盆子果醬

作法

1. 重乳脂鮮奶油攪打至硬性發泡，加到卡士達醬裡輕輕拌勻，然後冷藏。烤箱預熱至200℃。烤盤上灑冷水，把酥皮麵團擀成比烤盤大的長方形，並移到烤盤上，讓邊緣自然垂下。把麵皮往下壓，冰15分鐘。

2. 用叉子在麵皮上四處戳洞，用烘焙紙蓋好，再放上一個網架。烤15-20分鐘，直到麵皮剛好開始轉成褐色。同時握住烤盤和網架，將酥皮倒扣出來，再把烤盤塞回麵皮底下，繼續烤10分鐘，直到兩面都烤成褐色。把酥皮從烤箱中移到砧板上，趁熱切成5×10cm的長方形，數量必須是3的倍數。

3. 製作糖霜：把糖粉和1-1.5大匙的冷水混合。取2大匙的糖霜，和可可粉混合，做成少量的巧克力糖霜。把巧克力糖霜放進有細花嘴的擠花袋中。取三分之一份量的酥皮，抹上白色糖霜。趁糖霜還沒乾的時候，用巧克力糖霜擠出水平的線條，然後用一根牙籤垂直劃過巧克力線條，做出花紋效果，靜待糖霜乾燥。

4. 剩下的酥皮抹上薄薄一層果醬，上面再抹一層厚約1cm的卡士達奶油，用刀子把邊邊清理乾淨。

5. 組裝香草千層派：拿一塊有果醬和卡士達奶油的酥皮，上面放另一塊，輕輕壓一下，第三層再放有糖霜裝飾的酥皮。

事先準備
這道點心可以預先製作，最多可冷藏6小時。

夏日水果千層派

放在歐式自助餐桌上既美麗又令人食指大動，花園茶會也很適合。▶

8人份　　2小時　　25-30分鐘

冷藏時間
1小時

材料
1份卡士達奶油，見第88頁，步驟1-5
600g 酥皮麵團，現成的
250ml 重乳脂鮮奶油
400g 綜合夏日水果，例如切丁的草莓和覆盆子
糖粉，裝飾用

作法

1. 烤箱預熱至200°C。在一個烤盤上均勻灑上冷水，把酥皮麵團擀成比烤盤大的長方形，厚約3mm。用擀麵棍把麵皮捲起來，移到烤盤上再打開，讓邊緣自然垂下。把麵皮往下壓，冷藏約15分鐘。

2. 用叉子在麵皮上四處戳洞，蓋上烘焙紙，再放上一個網架。烤15-20分鐘，直到開始轉為褐色。同時握住烤盤和網架，把酥皮倒扣出來。將烤盤塞回酥皮底下，繼續烤10分鐘，直到兩面都烤成褐色。將酥皮從烤箱中取出，滑到砧板上。趁熱把邊緣修整齊，然後縱向切成大小均等的3塊。冷卻。

3. 把重乳脂鮮奶油攪打至硬性發泡，加入卡士達醬中攪拌均勻。把一半分量的卡士達奶油抹在一片酥皮上。放上一半的水果。另一片酥皮也按照一樣的步驟處理，做成兩層。把最後一片酥皮放在最上面，輕輕壓一壓。撒上一層厚厚的糖粉。

事先準備
這道點心可以提前做好，最多可冷藏6小時。

烘焙師小祕訣
一旦熟練了組合酥皮的技巧，就可以變化出各式各樣的千層派：大塊的可以當成自助餐會上的視覺焦點，小份的則可以作為奢侈的下午茶，你愛夾哪一種夾心都行。

千層派的幾種變化

小蛋糕
small cakes

香草奶油杯子蛋糕（Vanilla Cream Cupcake）

杯子蛋糕比精靈蛋糕（fairy cake）更緻密，能撐起更多種精心製作的糖霜。

可做24個　20分鐘　20-25分鐘　未加糖霜可保存4週

特殊器具
2個12孔的杯子蛋糕烤盤
擠花袋和星形擠花嘴（可省略）

材料
200g 中筋麵粉，過篩
2小匙 泡打粉
200g 細砂糖
1/2小匙 鹽
100g 無鹽奶油，軟化
3顆蛋
150ml 牛奶
1小匙 香草精

糖霜部分
200g 糖粉
1小匙 香草精
100g 無鹽奶油，軟化
裝飾糖粒（可省略）

小蛋糕

1. 烤箱預熱至180˚C。把前五項材料放進大碗中。

2. 用手指捏碎混合，直到呈細細的麵包屑狀。

3. 另取一個大碗，把蛋、牛奶和香草精一起攪打至均勻。

4. 慢慢把牛奶蛋液倒進乾性材料中，持續攪拌。

5. 輕輕攪打到滑順，小心不要攪拌過頭。打過頭的話蛋糕會變硬。

6. 把蛋糕麵糊全部倒進容易操作的容器裡。

7. 把杯子蛋糕的紙模放到杯子蛋糕烤盤上。

8. 小心地把蛋糕麵糊倒入紙模中，每個都裝到半滿就好。

9. 放在預熱好的烤箱中烤20-25分鐘，直到摸起來有彈性。

. 檢查蛋糕是否烤熟，用長籤插入其中一個蛋中心。

11. 如果拔出來上面還沾有麵糊，就再烤一分鐘，然後再檢查一次。

12. 先放涼幾分鐘，然後把杯子蛋糕都移到網架上放到完全冷卻。

. 製作糖霜：把糖粉、香草精和奶油一起放入碗。

14. 用電動攪拌器攪打5分鐘，直到非常輕盈蓬鬆。

15. 檢查看看蛋糕是否已經完全冷卻，否則糖霜放上去就會融化。

. 若是不想動用特殊工具抹糖霜，就舀一小匙霜放在每個杯子蛋糕上。

17. 將湯匙在溫水中浸一下，然後用湯匙背面把糖霜抹平。

若想用擠花袋做出更專業的裝飾，就把糖霜裝進擠花袋。

手拿著杯子蛋糕，另一手擠糖霜。

從邊緣開始，往內繞圈擠出螺旋狀的糖霜，最後在中間拉出一個小尖峰。

18. 撒上糖粒裝飾。 **保存** 這種蛋糕放在密封容器中可以保存3天。

小蛋糕

香草奶油杯子蛋糕

杯子蛋糕的幾種變化

巧克力杯子蛋糕

經典的巧克力杯子蛋糕是另一道一定要有的食譜。在小朋友的派對上保證是贏家！

可做24個　20分鐘　20-25分鐘　未抹糖霜可保存4週

特殊器具

2個12孔的杯子蛋糕烤盤
擠花袋和星形花嘴（可省略）

材料

200g 中筋麵粉
2小匙 泡打粉
4大匙 可可粉
200g 細砂糖
1/2小匙鹽
100g 無鹽奶油，軟化
3顆蛋
150ml 牛奶
1小匙 香草精
1大匙 希臘優格

糖霜部分

100g 無鹽奶油，軟化
175g 糖粉
25g 可可粉

作法

1. 烤箱預熱至180°C。麵粉、泡打粉和可可粉一起篩入大碗中。加入糖、鹽和奶油，攪拌成細緻的屑狀。另取一個大碗，把蛋、牛奶、香草精和優格全部攪拌均勻。

2. 把牛奶蛋液慢慢倒入乾性材料中，輕輕攪拌至滑順。把杯子蛋糕的紙模放進烤盤。蛋糕麵糊小心地舀入紙模型中。每個都裝半滿即可。

3. 烤20-25分鐘，直到略為上色且摸起來有彈性。先放涼幾分鐘，再把杯子蛋糕連紙模一起移到網架上，放到完全冷卻。

4. 製作糖霜：奶油、糖粉和可可粉一起攪打至滑順。

5. 直接抹糖霜的話，就用浸過溫水的湯匙背面抹平糖霜。也可以用擠花袋把糖霜擠在杯子蛋糕上。

保存

放在密封容器中可保存3天。

小蛋糕

檸檬杯子蛋糕

想做出細緻的風味，可以在基本的杯子蛋糕麵糊裡加入檸檬。

可做24個　20分鐘　20-25分鐘　未抹糖霜可保存4週

特殊器具

2個12孔的杯子蛋糕烤盤
擠花袋和星形擠花嘴（可省略）

材料

200g 中筋麵粉
2小匙 泡打粉
200g 細砂糖
1/2小匙 鹽
100g 無鹽奶油，軟化
3顆蛋
150ml 牛奶
一顆檸檬的皮屑跟果汁

糖霜部分

200g 糖粉
100g 無鹽奶油，軟化

作法

1. 烤箱預熱至180°C。麵粉和泡打粉篩入大碗。加入糖、鹽和奶油，攪拌至形成細緻的屑狀。把蛋和牛奶放在另一個大碗中，攪拌到完全混合。

2. 把牛奶蛋液倒入乾性材料中，並加入半顆檸檬的皮屑和全部的檸檬汁，輕輕攪拌到滑順。把杯子蛋糕的紙模放進烤盤，每個模型內的麵糊裝半滿即可。烤20-25分鐘，直到摸起來有彈性。放到完全冷卻。

3. 製作糖霜：把糖粉、奶油和剩下的檸檬皮屑一起攪打至滑順。可以用湯匙抹平糖霜，或是使用擠花袋和星形擠花嘴。

保存

放在密封的容器中可以保存3天。

烘焙師小祕訣

由於質地比較緻密，所有這些經典的美式杯子蛋糕都可以放好幾天。如果你喜歡更蓬鬆一點的蛋糕，可以用自發麵粉代替中筋麵粉，但要按照比例，把泡打粉的量減到1小匙。

咖啡核桃杯子蛋糕

咖啡和堅果讓這種杯子蛋糕的風味更有深度，絕對是大人的口味。

可做24個　20分鐘　20-25分鐘　未抹糖霜可保存4週

特殊器具
2個12孔的杯子蛋糕烤盤
擠花袋和星形擠花嘴（可省略）

材料
200g 中筋麵粉，另備少許防止核桃沉澱
2小匙 泡打粉
200g 細砂糖
1/2小匙 鹽
100g 無鹽奶油，軟化
3顆蛋
150ml 牛奶
1大匙 濃咖啡粉加1大匙沸水，混合放涼，或是1大匙濃縮咖啡
100g 對切核桃，另備少許裝飾用

糖霜部分
200g 糖粉
100g 無鹽奶油，軟化
1小匙 香草精

作法

1. 烤箱預熱至180˚C，麵粉和泡打粉篩入大碗。加糖、鹽和奶油，攪拌到呈細緻的屑狀。在另一個大碗中把蛋和牛奶攪拌至完全混合。

2. 把牛奶蛋液倒入乾性材料中，加入一半分量的咖啡，攪拌至滑順。把核桃大致切碎，加一點麵粉，放在碗中搖一搖，再拌入麵糊中。把杯子蛋糕的紙模放在烤盤上，將麵糊舀入紙模中，裝半滿即可。烤20-25分鐘，直到摸起來有彈性，出爐後要放到完全冷卻。

3. 製作糖霜：把糖粉、奶油、香草精和剩下的咖啡一起攪拌至滑順。可以用湯匙抹糖霜，或是用擠花袋和星形擠花嘴。在每個蛋糕上放半片核桃。

保存

放在密封容器中可以保存3天。

翻糖小蛋糕 (Fondant Fancy)

這種小蛋糕小巧亮麗、味道討喜，最適合派對，也可以當成午茶時間的特殊點心。

可做16個　20-25分鐘　25分鐘

特殊器具
20cm 方形蛋糕模

材料
175g 無鹽奶油，軟化，另備少許塗刷表面
175g 細砂糖
3顆大蛋
1小匙 香草精
175g 自發麵粉，過篩

2大匙 牛奶
2-3大匙 覆盆子果醬或櫻桃果醬

奶油霜部分
75g 無鹽奶油，軟化
150g 糖粉

糖霜部分
半個檸檬的汁
450g 糖粉
1-2滴 天然粉紅色食用色素
糖花，裝飾用（可省略）

作法

1. 烤箱預熱至190˚C。蛋糕模型內抹油，底部鋪上烘焙紙。奶油和糖放進大碗，攪打至發白且蓬鬆，備用。

2. 在另一個大碗中把蛋和香草精稍微打散。把四分之一的蛋液和1大匙麵粉加入奶油糖霜中，打到均勻。然後一邊持續攪拌，一邊把剩下的蛋液一點一點加入。加入剩下的麵粉和牛奶，輕輕拌勻。

3. 把拌均勻的麵糊倒進準備好的蛋糕模型中，放在烤箱中層烤約25分鐘，或烤到呈淡淡的金黃色、摸起來有彈性。從烤箱中取出，連同模型一起放涼約10分鐘，然後脫模，倒置在網架上冷卻。撕掉烘焙紙。

4. 製作奶油霜：把奶油和糖粉攪打到滑順，備用。用鋸齒刀把蛋糕水平切成兩片，一片抹上果醬，另一片則抹奶油霜。把兩片蛋糕像三明治一樣夾好，然後平均切成16小塊。

5. 製作糖霜：把檸檬汁放在量杯中，然後加熱水，加到60ml處。把檸檬熱水和糖粉一起攪拌均勻，一邊視狀況再加熱水，直

到糖霜變得滑順。加入粉紅色食用色素，攪拌均勻。

6. 用鏟刀把蛋糕移到網架上，網架則要放在板子或盤子上（這樣才能接住滴下來的糖霜）。把糖霜淋在蛋糕上，可以完全蓋住整塊蛋糕，也可以只蓋住頂部，讓糖霜沿著邊緣滴落，露出蛋糕層。用糖花裝飾（可省略），然後靜置約15分鐘，讓糖霜凝固。用乾淨的鏟刀把小蛋糕一一放進紙模中。

保存

放在冰箱冷藏，可保存1天。

烘焙師小祕訣
如想製作巧克力版，先把夾好餡的小蛋糕冰起來，各插上一根牙籤。握住牙籤，先把蛋糕浸在一碗融化的黑巧克力（250g）中，再放到網架上。等巧克力凝固後，再淋上融化的白巧克力（50g），做出對比圖案。

巧克力法奇蛋糕球（Chocolate Fudge Cake Ball）

這道新奇的必學蛋糕來自美國，其實簡單到會讓你嚇一跳，用現成蛋糕或沒吃完的蛋糕來做也可以。

可做 20-25個　35分鐘　25分鐘　未裹糖霜可保存4週

冷藏時間
3小時，或冷凍30分鐘

特殊器具
18cm 圓形蛋糕模
有刀片的食物處理器

材料
100g 無鹽奶油、軟化，或是軟的人造奶油，另備少許塗刷表面用
100g 細砂糖
2顆蛋
80g 自發麵粉
20g 可可粉
1小匙 泡打粉
1大匙 牛奶，多準備一些備用
150g 現成巧克力法奇糖霜（或參考第46頁的巧克力法奇蛋糕糖霜作法）
250g 黑巧克力蛋糕覆料（cake covering）
50g 白巧克力

1. 烤箱預熱至180°C。蛋糕模型抹上奶油，並鋪上烘焙紙。

2. 用電動攪拌器將奶油和糖攪打至蓬鬆。

3. 一次打一顆蛋到奶油糖霜中，攪打均勻後再加下一顆，攪打到滑順細膩。

4. 麵粉、可可粉和泡打粉篩在一起，再拌入雞蛋奶油霜中。

5. 加入足量牛奶，把麵糊稀釋到可滴落的濃度。

6. 麵糊舀入蛋糕模型中，烤25分鐘，直到表面摸起來有彈性。

7. 用長籤插入蛋糕中心檢查是否烤熟。蛋糕脫模後放在網架上徹底冷卻。

8. 用食物處理器把蛋糕打成屑。取300g放進大碗。

9. 加入法奇糖霜，攪拌到滑順均勻。

小蛋糕

. 手擦乾，把蛋糕混料揉成約核桃大的小球。

11. 把蛋糕球放在盤子中，冷藏3小時或冷凍30分鐘，直到小球變硬。

12. 在2個烤盤鋪上烘焙紙，蛋糕覆料則根據包裝上的說明融化。

. 蛋糕球浸在巧克力中。動作要快，如果小球始裂，就一次裹一個。

14. 用兩根叉子翻動巧克力中的蛋糕，直到全部裹滿。拿起來，讓多餘的巧克力滴下來。

15. 把裹好巧克力的蛋糕球放在烤盤中乾燥。把所有蛋糕球都裹好。

. 一鍋滾水上架一個大碗，把白巧克力放在大碗中融化。

. 用湯匙把白巧克力淋在巧克力球上作裝飾。

18. 等白巧克力完全乾了以後再放到大盤子上。 **保存** 在密封容器中可以保存3天。

蛋糕球的幾種變化

草莓和鮮奶油蛋糕棒棒糖
(Strawberries and Cream Cake Pop)

在小朋友的派對上端出這些小點心，絕對搶盡風頭。甚至可以用它們裝飾生日蛋糕。

可做 20-25個　20分鐘　25分鐘　未裹糖霜可保存4週

冷藏時間
3小時，或冷凍30分鐘

特殊器具
18cm 圓形蛋糕模
有刀片的食物處理器
25根竹籤，裁成約10cm長，模擬棒棒糖的棍子。

材料
100g 無鹽奶油、軟化，或用軟質的人造奶油，另備少許塗刷表面用
100g 細砂糖
2顆蛋
100g 自發麵粉
1小匙 泡打粉
150g 現成奶油糖霜，或參考第109頁、步驟13-15的香草奶油霜作法
2大匙無顆粒的優質草莓果醬
250g 白巧克力蛋糕覆料

作法

1. 烤箱預熱至180°C。模型內抹上奶油，鋪好烘焙紙。奶油或人造奶油和糖一起打成乳霜狀，一次加一顆蛋，攪打到完全滑順。把麵粉和泡打粉篩在一起，拌入奶油蛋糊中。

2. 把麵糊倒進模型，烤25分鐘，直到表面摸起來有彈性。脫模後放在網架上冷卻，撕掉烘焙紙。

3. 蛋糕冷卻後，用食物處理器攪打成屑狀。量取300g的蛋糕屑放在大碗中，加入糖霜和果醬，徹底攪拌均勻。雙手擦乾，把蛋糕混合材料搓成核桃般大的小球。把小球放在盤子上，每個球插一根竹籤。冷藏3小時或冷凍30分鐘。在2個烤盤上鋪好烘焙紙。

4. 在一鍋微微沸騰的滾水上架一個耐熱的大碗，蛋糕覆料放在大碗裡融化。把冷藏好的蛋糕球一次一顆浸在融化的巧克力中，持續轉動讓整顆球都裹上巧克力，一路裹到插棍子的地方。

5. 輕輕把蛋糕球從巧克力中拿起，讓多餘的巧克力滴回碗中，再放到烤盤上乾燥。這些蛋糕棒棒糖當天就要吃完。

烘焙師小祕訣

若想做出光滑完美的球形蛋糕棒棒糖，取一顆蘋果對切，切面朝下，擺在鋪好烘焙紙的烤盤上。把裹好巧克力糖衣的蛋糕棒棒糖插在蘋果上，這樣就能讓蛋糕棒棒糖乾燥，又不會在表面留下痕跡。

耶誕布丁球 (Christmas Pudding Ball)

我喜歡在耶誕派對上端出這種可愛的小小耶誕布丁。這是一種簡單又美味的作法，可以用掉沒吃完的耶誕布丁。

可做 15-20個　20分鐘　25分鐘　未裹糖衣可保存4週

冷藏時間
3小時，或冷凍30分鐘

特殊器具
有刀片的食物處理器

材料
400g 沒吃完的熟耶誕布丁，或李子布丁（見第72頁）
200g 黑巧克力蛋糕覆料
50g 白巧克力蛋糕覆料
糖漬櫻桃和蜜當歸（可省略）

作法

1. 用食物處理器把耶誕布丁打到完全散掉。雙手擦乾，直接用手把耶誕布丁碎末揉成核桃般大的小球。把耶誕布丁球放在盤子裡，冷藏3小時或冷凍30分鐘，直到變硬。

2. 在2個烤盤上鋪好烘焙紙。拿一個可以微波的小碗，以每次30秒、總時間最多2分鐘的方式，融化黑巧克力蛋糕覆料，但不要太燙。也可以架在一小鍋微微沸騰的水上，加熱融化。

3. 每次從冰箱中取出幾顆布丁球。把布丁球浸在融化的巧克力裡，用兩根叉子翻動，直到均勻裹滿巧克力。取出布丁球，放在鋪了烘焙紙的烤盤上晾乾。

4. 裹好所有的布丁球。動作要快，因為巧克力很快就會變硬，而蛋糕球如果在溫熱的巧克力裡面泡太久也可能會散掉。

5. 以相同方式融化白巧克力蛋糕覆料，用湯匙滴少許白巧克力在耶誕布丁球上，看起來就像上面滴了糖霜，或者雪花！白巧克力要多到可以從旁邊流下來，但不要完全蓋住黑巧克力。

6. 如果你想進一步發揮，可以把糖漬櫻桃片和蜜當歸離成冬青樹葉和果實的樣子，趁白巧克力還沒變硬時黏上去。靜置到白巧克力凝固即可。

保存

放在冰箱裡可冷藏5天。

小蛋糕

白巧克力椰子雪球

這種椰子球夠精緻，可以當成法式小點端上桌。

| 可做
25-30個 | 40分鐘 | 25分鐘 | 未裹糖衣可
保存4週 |

冷藏時間
3小時，或冷凍30分鐘

特殊器具
18cm 圓形蛋糕模
有刀片的食物處理器

材料
100g 無鹽奶油、軟化，或軟質人造奶油，另備少許
塗刷表面
100g 細砂糖
2顆蛋
100g 自發麵粉
1小匙 泡打粉
225g 現成奶油糖霜或香草奶油霜（見第109頁，步驟13-15）
225g 椰子粉
250g 白巧克力蛋糕覆料

作法

1. 烤箱預熱至180°C。模型內抹油，底部鋪上烘焙紙。把奶油或人造奶油跟糖一起攪打到顏色泛白且蓬鬆。每次打入一顆蛋，攪打到完全均勻再加下一顆。麵粉和泡打粉一起過篩，拌入奶油蛋糊中。

2. 把麵糊倒入模型，烤25分鐘。脫模，放到網架上冷卻，撕掉烘焙紙。

3. 蛋糕冷卻後，用食物處理器打成麵包粉狀。取300g的蛋糕粉屑放進大碗。加入糖霜和75g的椰子粉，攪拌均勻。

4. 雙手擦乾，用手把蛋糕混合材料揉成核桃般大的小球。冷藏3小時或冷凍30分鐘。在2個烤盤上鋪烘焙紙，剩下的椰子粉則用盤子裝起來。

5. 在一鍋微微沸騰的熱水上架一個耐熱的碗，融化蛋糕覆料。冷藏好的蛋糕球一次一粒放進融化的巧克力材料中，用2把叉子翻動，讓蛋糕球均勻裹上巧克力。

6. 把裹好巧克力的蛋糕球放到椰子粉盤中。沾上椰子粉之後移到鋪了烘焙紙的烤盤上晾乾。動作要快，因為巧克力很快就會變硬，而蛋糕球如果在熱的巧克力裡放太久也會散掉。

保存
放進密封容器，可在陰涼處保存2天。

無比派 (Whoopie Pie，巧克力夾心派)

迅速躍升現代經典的無比派，其實簡單又好做，可以討好一大群人。

可做10個派　40分鐘　12分鐘　未夾餡可保存4週

材料
175g 無鹽奶油，軟化
150g 鬆軟的紅糖

1顆大的蛋
1小匙 香草精
225g 自發麵粉
75g 可可粉
1小匙 泡打粉
150ml 全脂牛奶
2大匙 希臘優格或濃的原味優格

香草奶油霜部分
100g 無鹽奶油，軟化
200g 糖粉
2小匙 香草精
2小匙 牛奶，多準備一些備用

裝飾部分
白巧克力和黑巧克力
200g 糖粉

1. 烤箱預熱至180℃。在幾個烤盤上鋪好烘焙紙。

2. 用電動攪拌器，把奶油和紅糖攪打至輕盈蓬鬆。

3. 把蛋和香草精加入奶油糖霜，繼續攪打。

4. 蛋要打到完全融合，以免結塊。麵糊應該要顯得很滑順。

5. 另取一個大碗，把麵粉、可可粉和泡打粉一起過篩。

6. 取一匙乾性材料，輕輕拌入奶油蛋糖材料中。

7. 加一點點牛奶，攪拌。重覆這個步驟，直到所有的牛奶和乾性材料都拌勻為止。

8. 加入濃優格，輕輕攪拌，直到混合均勻。這樣能讓派的口感溼潤。

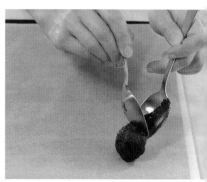

9. 把麵糊一大尖匙、一大尖匙地舀到鋪好烘焙紙的烤盤上，每盤要排上20大匙的麵糊。

小蛋糕

10. 麵糊之間要留空間，讓麵糊可以攤平擴張，每片麵糊都會攤成8cm大。

11. 取一把乾淨的湯匙，在溫水裡浸一下，用來把麵糊表面抹平整。

12. 烤約12分鐘，直到長籤戳入再拔出來時是乾淨的就可以了。放在網架上冷卻。

13. 用木匙把奶油霜的材料攪拌均勻，但先不要加牛奶。

14. 改用電動攪拌器，攪打5分鐘，直到奶油霜輕盈蓬鬆。

15. 如果奶油霜看起來有點硬，就用多準備的牛奶稍微稀釋一下，讓奶油霜可以抹得開。

16. 取半數小蛋糕，在扁平那面抹上1大匙奶油霜。

17. 把沒有抹奶油霜的小蛋糕和抹了奶油霜的合起來，做成派，輕輕壓緊。

18. 裝飾部分，用蔬果刨皮器削出白巧克力和黑巧克力刨花。

19. 糖粉放進大碗，加入1-2大匙水，拌成濃稠的糖霜。

20. 把糖霜舀到每個派上面，均勻抹開。

21. 輕輕把巧克力刨花壓在還沒乾的糖霜上面。
保存 可保存2天。

無比派的幾種變化

花生醬無比派

甜甜鹹鹹、濃郁滑順，這種無比派吃了會上癮。

可做10個派　40分鐘　12分鐘　未夾餡可保存4週

材料

175g 無鹽奶油，軟化
150g 鬆軟的紅糖
1顆大的蛋
1小匙香草精
225g 自發麵粉
75g 可可粉
1小匙 泡打粉
150ml 全脂牛奶，另外準備一些用做夾心用
2大匙 希臘優格或濃的原味優格
50g 奶油乳酪
50g 無顆粒花生醬
200g 糖粉，過篩

作法

1. 烤箱預熱至180˚C。在幾個烤盤上鋪烘焙紙。奶油和糖放進大碗，攪打至蓬鬆。把蛋和香草精加進去一起打。

2. 麵粉、可可粉和泡打粉一起篩入另一個大碗。每次取一匙乾性材料和一匙牛奶拌入奶油糖霜。接著再拌入優格。

3. 把麵糊一大尖匙、一大尖匙地舀到烤盤上，麵糊之間要留下足夠空間讓麵糊攤平膨脹。湯匙在溫水中浸一下，再用湯匙背面把派的表面抹平。烤12分鐘，直到膨脹。放在網架上冷卻。

4. 製作夾心。把奶油乳酪和花生醬攪打至滑順。糖也加下去一起攪打，如果質地太濃稠，抹不開，就加少許牛奶，稀釋到可以抹開的程度。在半數蛋糕的扁平面抹上花生乳酪醬。把有抹醬和沒有抹醬的兩片黏合在一起。

保存

放在冰箱可以保存1天。

巧克力柳橙無比派

濃郁的黑巧克力加上柳橙的酸勁是經典的組合，在這些美味小蛋糕中發揮了百分百的實力。

可做10個派　40分鐘　12分鐘　未夾餡可保存4週

材料

275g 無鹽奶油，軟化
150g 鬆軟的紅糖
1顆大的蛋
2小匙 香草精
1顆柳橙的皮屑和汁
225g 自發麵粉
75g 可可粉
1小匙 泡打粉
150ml 全脂牛奶或酪乳（buttermilk）
2大匙希臘優格或濃的原味優格
200g 糖粉

作法

1. 烤箱預熱至180˚C。在幾個烤盤內鋪上烘焙紙。把175g的奶油和紅糖一起攪打至蓬鬆。把蛋、1小匙香草精及柳橙皮屑加進去一起打。麵粉、可可粉、泡打粉一起篩進另一個容器。取1匙乾性材料加入奶油蛋糖霜中混合均勻，再加1匙牛奶，拌勻後再加另一匙乾性材料，就這樣交錯進行，直到牛奶和乾性材料全部拌完。加入優格拌勻。

2. 把麵糊一大尖匙、一大尖匙地舀到烤盤上排列，麵糊周圍要留下足夠空間。湯匙在溫水中浸一下，用湯匙背面把麵糊抹平。烤12分鐘直到麵糊鼓脹。稍微冷卻一下再移到網架上。

3. 製作奶油霜：把剩下的奶油、糖粉、1小匙香草精和柳橙汁一起攪拌均勻，加少許牛奶稀釋。取半數的蛋糕，在扁平面抹上1大匙奶油霜，再和另外半數蛋糕黏在一起夾好。

保存

放在密封容器內可保存2天。

椰子無比派

這種簡單但美味的變化版運用了椰子和巧克力之間的自然吸引力，效果絕佳。

可做10個派　40分鐘　12分鐘　未夾餡可保存4週

材料

275g 無鹽奶油，軟化
150g 鬆軟的紅糖
1顆大的蛋
2小匙 香草精
225g 自發麵粉
75g 可可粉
1小匙 泡打粉
150ml 全脂牛奶，另外準備少許製作夾心
2大匙 希臘優格或濃的原味優格
200g 糖粉
5大匙 椰子粉

作法

1. 烤箱預熱至180˚C。在幾個烤盤內鋪上烘焙紙。把175g的奶油和糖攪打至蓬鬆，並加入蛋和1小匙香草精一起攪打。麵粉、可可粉和泡打粉一起篩入另一個大碗中，每次一匙交錯加入乾性材料和牛奶，拌勻，最後加入優格拌勻。

2. 把麵糊一大匙一大匙地舀到烤盤上排列。湯匙在溫水中浸一下，然後用湯匙背抹平表面。烤12分鐘，直到膨脹。稍微冷卻一下再移到網架上。椰子粉放到牛奶中浸泡約10分鐘，直到椰子粉變軟。用濾網過濾。

3. 製作奶油霜：把剩下的奶油、糖粉、香草精和2大匙牛奶一起攪打至蓬鬆。椰子粉加入一起攪打。把糖霜抹在半數蛋糕的扁平面，再跟沒抹糖霜的那一半黏合。

保存

放在密封容器內可保存2天。

小蛋糕

黑森林無比派

著名糕點的時尚仿作，用的是罐裝櫻桃。

可做10個派　40分鐘　12分鐘　未夾餡可保存4週

材料

175g無鹽奶油，軟化
150g 鬆軟的紅糖
1顆大的蛋
1小匙 香草精
225g 自發麵粉
75g 可可粉
1小匙 泡打粉
150ml 全脂牛奶或酪乳
2 大匙 希臘優格或濃的原味優格
225g罐裝黑櫻桃，濾乾，也可使用解凍的冷凍櫻桃
250g 馬斯卡彭乳酪（mascarpone）
2大匙 細砂糖

作法

1. 烤箱預熱至180°C。取幾個烤盤鋪上烘焙紙。把175g的奶油和紅糖攪打至蓬鬆，把蛋和香草精也加進去一起攪打。

2. 麵粉、可可粉和泡打粉一起篩入另一個大碗。每次一匙，將乾性材料和牛奶交錯加入奶油霜中。然後再加優格拌勻。最後切碎100g櫻桃，一起拌入麵糊中。

3. 把麵糊一大尖匙、一大尖匙地舀到烤盤上排列好，麵糊周圍要留下足夠空間。把湯匙在溫水中浸一下，用湯匙背把蛋糕抹平。烤12分鐘直到膨脹，稍微涼一下後移到網架上。

4. 把剩下的櫻桃打碎成滑順的泥狀。把櫻桃泥和糖加入馬斯卡彭乳酪攪拌均勻。也可以不要完全拌勻，留下紅白相間的花紋。半數蛋糕的扁平面抹上1大匙乳酪餡，再蓋上未抹餡的另一半。

保存

最好當天吃完，但冰起來可以放1天。

草莓鮮奶油無比派

這種夾了草莓的無比派是傳統下午茶的可愛點綴，最好立刻上桌。

可做10個派　40分鐘　12分鐘　未夾餡可保存4週

材料

175g 無鹽奶油，軟化
150g 鬆軟的紅糖
1顆大的蛋
1小匙 香草精
225g 自發麵粉
75g 可可粉
1小匙 泡打粉
150ml 全脂牛奶
2大匙 希臘優格或濃的原味優格
150ml 重乳脂鮮奶油，打發
250g (9oz) 草莓，切薄片
糖粉，裝飾用

作法

1. 烤箱預熱至180°C。取幾個烤盤鋪上烘焙紙。奶油和糖攪打至蓬鬆。把蛋和香草精也一起加進去打。麵粉、可可粉和泡打粉一起篩入另一個大碗。乾性材料和牛奶每次一匙交錯加入奶油霜中拌勻，最後再加入優格拌勻。

2. 把麵糊一大尖匙、一大尖匙地舀到烤盤上排列，周圍要留下足夠空間。湯匙在溫水中浸一下，用湯匙背抹平表面。

3. 烤12分鐘，直到膨脹。放涼幾分鐘，再移到網架上冷卻。

4. 把鮮奶油塗在半數的蛋糕上，鋪上一層草莓片，再疊第二塊蛋糕。撒上糖粉即可上桌。這種無比派不能放，當天就要吃完。

巧克力熔岩蛋糕

巧克力熔岩蛋糕常被認為是餐廳才端得出來的甜點，但其實在家裡就可以輕鬆做出來。

4人份　20分鐘　5-15分鐘　沒烤過可保存1週

特殊器具
4個 150ml圓形小蛋糕模
或10cm小烤盅

材料
150g 無鹽奶油，切丁，另備少許塗刷表面用

尖尖1大匙中筋麵粉，另備少許防沾用
150g 優質黑巧克力，剝成碎塊
3顆大的蛋
75g 細砂糖
可可粉或糖粉，裝飾用（可省略）
鮮奶油或冰淇淋，搭配食用（可省略）

作法

1. 烤箱預熱至200˚C。每個模型或小烤盅都要徹底抹上奶油，側邊和底部都要。在裡面撒點麵粉，然後翻轉模型，讓抹了奶油的地方都沾上一層麵粉。倒出多餘的麵粉。在模型底部鋪上裁成圓形的小烘焙紙。

2. 在一鍋微微沸騰的開水上架一個耐熱的大碗，融化巧克力和奶油，不時攪拌。切記，大碗底部不可接觸到熱水。稍微放涼。

3. 在另一個大碗裡把蛋和糖一起打散。等巧克力醬稍微冷卻，就把巧克力醬打進蛋和糖裡，直到完全均勻。把麵粉篩在巧克力蛋液上，輕輕拌勻。

4. 把麵糊均勻分到模型中，不可填滿。進行到這個步驟後，麵糊就可以拿去冷藏幾個小時或過夜，只要在進烤箱之前從冰箱拿出來、放到室溫即可。

5. 熔岩蛋糕放在烤箱中層烤，如果使用模型，就烤約5-6分鐘，如果使用陶瓷小烤盅，則烤12-15分鐘。烤好時，旁邊摸起來應該是硬的，但中間還是軟軟的。用利刀沿著模型或烤盅的邊緣劃一圈。拿小盤子蓋在模型上，整個翻過來，讓模型或烤盅倒扣在盤子上。輕輕拿掉模型或小烤盅，並撕掉烘焙紙。

6. 視個人喜好撒上可可粉或糖粉，並搭配鮮奶油或冰淇淋，立刻上桌。

事先準備
已經灌入模型、尚未烘烤的麵糊可以在冰箱裡冰一夜（見烘焙師小祕訣）。

烘焙師小祕訣
想做好巧克力熔岩蛋糕，其實出乎意料地簡單。這種蛋糕可以在一天前先準備好，所以會是很棒的晚宴點心。記得，烘烤前要先從冰箱拿出來回溫，不然可能會需要烤久一點。

小蛋糕

檸檬藍莓馬芬

這種超輕盈的蛋糕裹著檸檬糖霜，多了一層風味，最好趁熱上桌。

可做12個　20-25分鐘　15-20分鐘　可保存4週

特殊器具

12孔馬芬烤盤

材料

60g 無鹽奶油
280g 中筋麵粉
1大匙 泡打粉
1撮鹽
200g 細砂糖
1顆蛋
1顆檸檬的皮屑和汁

1小匙 香草精
250ml 牛奶
225g 藍莓

1. 烤箱預熱至220℃。奶油以中小火融化。

2. 麵粉、泡打粉和鹽一起篩入大碗（不可用食物處理器來做馬芬）。

3. 預留2大匙糖，其他的都拌進麵粉裡，並在粉中央挖一個洞。

4. 另取一個大碗，把蛋稍微打散、讓蛋黃蛋白混在一起。

5. 加入融化的奶油、檸檬皮屑、香草精和牛奶。把牛奶蛋液攪打至起泡。

6. 緩慢而穩定地把牛奶蛋液倒入麵粉中央的洞裡。

7. 用橡皮抹刀慢慢把麵粉拌進牛奶蛋液中，拌成滑順的麵糊。

8. 輕輕拌入所有的藍莓，小心不要把藍莓壓傷了。

9. 不要過度攪拌，不然馬芬會變硬。材料混合均勻就可以停了。

. 把馬芬紙模放在馬芬烤盤中。舀入麵糊,加
|四分之三滿。

11. 烤15-20分鐘,直到長籤插入中心再拔出來
時不沾黏即可。

12. 讓馬芬稍微涼一下,然後移到網架上。

. 拿一個小碗,把預留的糖和檸檬汁攪拌均
,直到糖溶解。

. 趁熱把馬芬頂部浸入檸檬糖漿中。

. 把馬芬正面朝上放回網架,刷上剩下的糖
。

16. 溫熱的馬芬最能吸收檸檬糖霜。 **保存** 最好趁熱上桌,不過放在密封容器內可以保存2天。

馬芬的幾種變化

巧克力馬芬

這種馬芬可以一解巧克力饞，酪乳則讓口感美味又輕盈。

可做12個　10分鐘　15分鐘　可保存8週

特殊器具

12孔 馬芬烤盤

材料

225g 中筋麵粉
60g 可可粉
1大匙 泡打粉
1撮鹽
115g 鬆軟的紅糖
150g 巧克力豆
250ml 酪乳
6大匙 葵花油
1/2小匙 香草精
2顆蛋

作法

1. 烤箱預熱至200°C。馬芬紙模放進馬芬烤盤上的洞，備用。麵粉、可可粉、泡打粉和鹽一起篩進大碗，把糖和巧克力豆都拌進去，然後在中央挖一個洞。

2. 把酪乳、油、香草精和蛋一起打散，然後倒進乾性材料中央的洞。輕輕攪拌成微微結塊的麵糊。把麵糊舀進紙模型中，每個都裝到四分之三滿。

3. 烤15分鐘，或直到馬芬膨脹、摸起來結實。立刻移到網架上冷卻。

保存

放在密封容器內可保存2天。

烘焙師小祕訣

在這種馬芬裡加入的液體，不管是酸奶油、酪乳還是油，都能確保做出來的蛋糕比較溼潤、耐放。如果食譜要求加液體油，記得要使用清淡、沒有特殊風味的油，例如葵花油或花生油，以免馬芬的風味被油的味道給蓋過了。

檸檬罌粟籽馬芬

罌粟籽為這種細緻的馬芬增添了幾許討喜的爽脆口感。

可做12個　20-25分鐘　15-20分鐘　可保存4週

特殊器具

12孔馬芬烤盤

材料

60g 無鹽奶油
280g 中筋麵粉
1大匙 泡打粉
1撮鹽
200g 細砂糖，另外準備2小匙裝飾用
1顆蛋，打散
1 小匙 香草精
250ml 牛奶
2大匙 罌粟籽
1顆檸檬的皮屑和汁

作法

1. 烤箱預熱至220°C。奶油以中小火融化，然後稍微冷卻一下。麵粉、泡打粉和鹽一起篩入大碗中，把糖拌進去，並在中央挖一個洞。

2. 把蛋打在另外一個碗裡，加入融化的奶油、香草精和牛奶，攪打到起泡。拌入罌粟籽、檸檬皮屑和檸檬汁。

3. 把蛋液倒進麵粉中央的洞裡，攪拌成滑順的麵糊，但不要過度攪拌。材料一融合就不要再攪了。

4. 把馬芬紙模放進馬芬烤盤上的洞裡。把麵糊平均舀入紙模中，並撒上兩小匙糖。

5. 烤15-20分鐘，直到長籤插進去再拔出來時不沾黏為止。稍微放涼，然後連同紙模一起移到網架上冷卻。

保存

放在密封容器內可以保存2天。

小蛋糕

蘋果馬芬

這種健康取向的馬芬，剛出爐時最美味。

可做12個　10分鐘　20-25分鐘　可保存8週

特殊器具
12孔馬芬烤盤

材料
1顆金冠蘋果，去皮、去芯、切碎
2小匙 檸檬汁
115g 淡色德麥德拉拉蔗糖，另備少許撒在表面用
200g 中筋麵粉
85g 全麥麵粉
4小匙 泡打粉
1大匙 綜合香料粉
1/2小匙 鹽
60g 山胡桃，切碎
250ml 牛奶
4大匙 葵花油
1顆蛋，打散

作法

1. 烤箱預熱至200℃。馬芬紙模放進馬芬烤盤上的洞，備用。把蘋果放在碗裡，加入檸檬汁搖晃均勻。加4大匙糖，靜置5分鐘。

2. 兩種麵粉、泡打粉、綜合香料粉和鹽一起篩入另一個大碗，篩網上殘留的麩皮也要倒進去。把糖和山胡桃拌進去，然後在中央挖個洞。

3. 牛奶、油和蛋攪打均勻，然後把蘋果加進去。把溼性材料倒入麵粉中央的洞，拌成微微結塊的麵糊。

4. 把麵糊舀進紙模中，每個都裝四分之三滿即可。放進烤箱烤20-25分鐘，或直到頂部膨脹成小尖峰、呈棕色即可。把馬芬移到網架上，撒上剩餘的糖。趁熱吃或等涼了再吃都可以。

保存
放在密封容器內可保存2天。

瑪德蓮（Madeleine）

這種優雅的點心因為法國作家普魯斯特而聲名大噪。他咬了一口，就立刻回到了童年時光。

可做12個　15-20分鐘　10分鐘　可保存4週

特殊器具

瑪德蓮蛋糕模型，或小的12孔小麵包模型

作法

1. 烤箱預熱至180˚C。小心地在模型裡刷上融化的奶油，並撒上少許麵粉。把模型翻過來，倒出多餘的麵粉。

2. 糖、蛋和香草精放入攪拌缽，用電動攪拌器攪打5分鐘，直到顏色泛白、質地濃稠，且提起攪拌器時會留下痕跡。

3. 把麵粉篩在蛋糖混合材料上，並把融化的奶油沿著邊緣倒進去。用金屬大湯匙，小心但迅速地把材料拌合均勻，小心不要讓太多空氣跑出來。

材料

60g 無鹽奶油，融化並冷卻，另備少許塗刷表面用
60g 自發麵粉，過篩，另備少許撒在表面用
60g 細砂糖
2顆蛋
1小匙 香草精
糖粉，裝飾用

4. 麵糊倒進模型中，放入烤箱烤10分鐘。從烤箱中拿出來後移到網架上冷卻，再撒上糖粉。

保存

放在密封容器中可保存1天。

烘焙師小祕訣

這種可愛的小點心本來就要做得輕盈如空氣。在攪打階段多注意，打進愈多空氣愈好，拌麵粉的時候也要小心，盡量不要讓麵糊裡的空氣跑掉。

小蛋糕

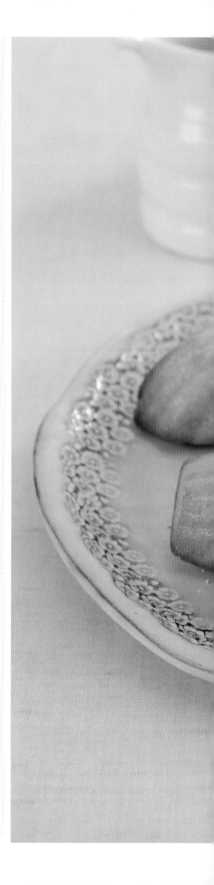

司康（Scone）

自製的司康是最單純也最棒的茶點。用酪乳做出來的司康最輕盈。

可做6-8個　15-20分鐘　12-15分鐘　可保存4週

特殊器具

7cm 圓形餅乾切模

材料

60g 無鹽奶油，冷卻並切塊，另備少許塗刷表面用

250g 高筋白麵粉，另備少許作為手粉

2小匙 泡打粉

1/2小匙 鹽

175ml 酪乳

奶油、果醬、凝脂奶油或濃的重乳脂鮮奶油，搭配食用（可省略）

1. 烤箱預熱至220℃。烤盤上鋪烘焙紙，並刷上奶油。

2. 麵粉、泡打粉和鹽篩進一個冰涼的大碗。

3. 把奶油放進碗中，盡量讓所有材料愈涼愈好

4. 用手指把奶油搓成屑狀，速度要快，手勢拉高讓空氣混進去。

5. 在麵粉中央挖個洞，用穩定的速度把酪乳慢慢倒進去。

6. 用叉子把麵粉和酪乳迅速拌勻，不要攪過頭。

7. 攪拌成麵團。如果看起來太乾，可加少許酪乳。

8. 移到撒了麵粉的工作檯面上，揉幾秒鐘。讓麵團的質地保持粗糙，不必揉到光滑。

9. 把麵團拍成約2cm厚的麵皮，盡量保持麵團涼爽，也盡量不要再搓揉。

小蛋糕

0. 用餅乾切模切出圓片，見第124頁的烘焙師
小祕訣。

11. 把切下來的邊再拍成麵皮，繼續切出圓片，
直到麵團用完。

12. 將切好的麵皮放在烤盤上，彼此距離約5cm。

B. 放進預熱的烤箱烤12-15分鐘，直到司康上色且膨脹。司康最好在出爐當天吃完，剛出爐、猶有餘溫的時候最好吃。可以抹上奶油、果醬和凝
脂奶油，或濃的重乳脂鮮奶油。

司康的幾種變化

醋栗司康

把鑲著醋栗的司康從烤箱端出來，抹上奶油或凝脂奶油，直接上桌。

可做6個　15-20分鐘　12-15分鐘　可保存4週

材料

60g 無鹽奶油，冷藏、切丁，另備少許塗刷表面用
1個蛋黃，上色用
175ml 酪乳，另備1大匙上色用
250g 高筋白麵粉，另備少許作為手粉
2小匙 泡打粉
1/2小匙 鹽
1/4小匙 小蘇打
2小匙 細砂糖
2大匙 醋栗

作法

1. 烤箱預熱至220°C，在一個烤盤表面刷上奶油。蛋黃加1大匙酪乳攪打均勻，備用。

2. 麵粉、泡打粉、鹽和小蘇打一起篩入大碗，糖也加進去。加入奶油，用雙手指尖把奶油和麵粉搓成細屑狀。加進醋栗拌勻。把酪乳倒進去，用叉子迅速攪拌成屑狀。只要屑屑黏結成麵團，就不要再攪拌了。

3. 把麵團移到撒了麵粉的工作檯面上，切成兩半，都拍成直徑約15cm、厚度約2cm的圓餅狀。用利刀把每個圓片切成四塊，放到烤盤上，每片相距約5cm，刷上酪乳蛋液上色。

4. 烤12-15分鐘，直到呈淡褐色。連烤盤一起放涼幾分鐘，然後移到網架上冷卻。最好是當天趁熱吃。

烘焙師小祕訣

司康要發得漂亮，祕訣之一就在於切法。最好是用銳利的餅乾切模，金屬做的比較好。不然就是像這份食譜一樣用銳利的刀子。切的時候，要用力往下切開，如果使用切模，切的時候完全不要轉動模子。這樣就能確保司康在烘烤時會發得又高又均勻。

荷蘭芹乳酪司康

基本的司康麵團，可以輕鬆變化出美味的鹹司康。

可做20個小的　20分鐘　8-10分鐘　可保存12週
或6個大的

特殊器具

4cm 餅乾切模（做小司康），或6cm餅乾切模（做大司康）

材料

油，塗刷表面用
225g 中筋麵粉，過篩，另備少許作為手粉
1小匙 泡打粉
1撮鹽
50g 無鹽奶油，冷藏、切丁
1小匙 乾燥荷蘭芹
1小匙 黑胡椒粒，壓碎
50g 熟成的切達乳酪，磨碎
110ml 牛奶

作法

1. 烤箱預熱至220°C。取一個中型烤盤，抹上少許油。麵粉、泡打粉和鹽一起在大碗中攪拌均勻。加入奶油丁，用手指搓成細屑狀。

2. 加入荷蘭芹、胡椒和一半的乳酪拌勻。然後加入適量牛奶讓麵團成形（其餘的留下來刷在司康表面）。輕輕地按壓成柔軟的麵團。

3. 把麵團放在撒了少許麵粉的工作檯面上，擀成約2cm厚的麵皮，用你喜歡的餅乾烤模切出圓片（見烘焙師小祕訣），放在準備好的烤盤上，刷上剩下的牛奶，撒上剩下的乳酪。

4. 放在烤箱上層烤8-10分鐘，直到呈金黃色。連同烤盤一起冷卻幾分鐘，然後可以趁熱上桌，也可以放在網架上徹底冷卻。這種司康最好是當天就吃完。

草莓鬆糕(Straw-berry Shortcake)

這種鬆糕最適合當作清爽的夏日點心。

可做6個　15-20分鐘　12-15分鐘　未夾餡可保存4週

特殊器具

8cm 餅乾切模

材料

60g無鹽奶油，另備少許塗刷表面用
250g 中筋麵粉，過篩，另備少許作為手粉
1大匙 泡打粉
1/2小匙 鹽
45g 細砂糖
175ml 重乳脂鮮奶油，多準備一些備用

草莓醬汁部分

500g 草莓，去蒂
2-3大匙 糖粉
2大匙 櫻桃白蘭地（可省略）

夾心部分

500g 草莓，去蒂、切片
45g 細砂糖，另備2-3大匙
250ml 重乳脂鮮奶油
1小匙 香草精

作法

1. 烤箱預熱至220˚C。烤盤刷上奶油。麵粉、泡打粉、鹽和糖一起在大碗中攪拌均勻。加入鮮奶油攪拌，如果太乾就多加一些。加入奶油，用指尖搓成屑狀。

2. 把麵粉屑壓成麵團。在撒了麵粉的工作檯面上稍微揉一下，然後拍成1cm厚的圓片，用餅乾切模切出6個圓餅（見烘焙師小祕訣）。放在烤盤上，烤12-15分鐘。移到網架上冷卻。

3. 製作草莓醬汁：把草莓打成泥，加入糖粉和櫻桃白蘭地（可省略）攪拌。

4. 製作夾心：草莓和糖加在一起。奶油打到軟性發泡，加入2-3大匙糖和香草精，繼續攪拌到硬性發泡。把酥餅橫切成兩片，把草莓放在底下那片，抹上鮮奶油，再蓋上另一片。草莓醬淋在周圍，立刻上桌。

威爾斯小煎餅（Welsh Cake）

這是來自威爾斯的傳統小糕點，只要幾分鐘就可以準備好，甚至連烤箱都不必預熱。

可做24個　20分鐘　16-24分鐘　可保存4週
小煎餅

特殊器具
5cm 餅乾切模

材料
200g 自發麵粉，另備少許作為手粉
100g 無鹽奶油，冷藏、切丁，多準備一些用來煎煎餅
75g 細砂糖，另備少許裝飾用
75g 淡黃無子葡萄乾
1顆大的蛋，打散
少許牛奶，備用

作法

1. 麵粉篩入大碗。把奶油和麵粉搓在一起，直到搓成屑狀。加入糖和葡萄乾，再把蛋液也加進去。

2. 把材料攪拌均勻，用手壓成一團。這個麵團應該夠結實、可以**擀**成片，如果感覺太硬，就再加少許牛奶。

3. 在撒了麵粉的工作檯面上將麵團**擀**成約5mm厚的麵皮，用餅乾切模切出圓片。

4. 以中小火加熱深的鑄鐵大煎鍋或平底煎盤。用少許融化的奶油分批煎。每面各煎2-3分鐘，直到煎餅鼓起來、呈金棕色且熟透。

5. 趁熱撒上一些砂糖，然後上桌。威爾斯小煎餅最好現做現吃。如果冷凍起來的話，可以在解凍之後以烤箱回烤。

烘焙師小祕訣

威爾斯小煎餅是簡單的午茶點心，只要幾分鐘就可以吃。用很小的火來煎，翻面的時候要特別小心，因為使用自發麵粉的緣故，這種煎餅在這個階段特別容易破。加上奶油現吃，非常美味。

小蛋糕

岩石蛋糕（Rock Cake）

這種英式小糕點現在又流行起來了。烤得恰到好處的話，成品會輕盈酥鬆，而且做法簡單得不得了。

可做12個　15分鐘　15-20分鐘　可保存4週

材料

200g 自發麵粉
1撮鹽
100g 無鹽奶油，冷藏、切丁
75g 細砂糖
100g 綜合水果乾（葡萄乾、淡黃無子葡萄乾、綜合果皮）
2顆蛋
2大匙 牛奶，另取一些備用
1/2小匙 香草精
奶油或果醬，搭配食用（可省略）

作法

1. 烤箱預熱至190℃。麵粉、鹽和奶油一起在大碗中搓成細屑。把糖拌進去。加入水果乾，徹底混合均勻。

2. 在容器中把蛋、牛奶和香草精一起打散。在麵粉材料中央挖一個洞，倒入蛋液。徹底拌勻成質地紮實的麵糊，如果看起來太硬就加少許牛奶。

3. 在兩個烤盤上鋪烘焙紙。把麵糊1大尖匙、1大尖匙舀到烤盤上，周圍要預留空間讓麵糊有地方膨脹。放在烤箱中層烤15-20分鐘，直到呈金棕色。

4. 移到網架上稍微冷卻一下。掰開，趁熱上桌。抹上奶油或果醬。岩石蛋糕不耐放，應該在當天吃完。

烘焙師小祕訣

這種簡易的蛋糕是因為經典的粗糙外表而得名，而不是因為吃起來很硬！把麵糊放在烤盤上的時候，記得要堆到至少5-7cm高，這樣才能確保麵糊攤開以後還能形成經典的粗糙邊緣。

岩石蛋糕

泡芙（Profiterole）

夾著鮮奶油內餡的雞蛋牛奶小點心，再淋上巧克力醬，就是美味又墮落的點心。

4人份　30分鐘　22分鐘　未夾餡可保存12週

特殊器具
2個擠花袋和1cm的圓形花嘴及5mm的星形花嘴

材料
60g 中筋麵粉
50g 無鹽奶油
2顆蛋，打散

夾心和表面裝飾
400ml 重乳脂鮮奶油
200g 優質黑巧克力，剝成碎塊
25g 奶油
2大匙 轉化糖漿

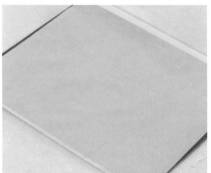

1. 烤箱預熱至220°C。取兩個大型烤盤，鋪上烘焙紙。

2. 麵粉篩入大碗，濾網舉高一點，讓麵粉內混入空氣。

3. 奶油和150ml的水放在小鍋中，小火加熱至融化。

4. 煮沸，關火，把麵粉一口氣倒進去。

5. 用木湯匙攪打到滑順，麵糊應該能結成球狀。冷卻10分鐘。

6. 慢慢加入蛋液，每加入一些都要妥善攪拌，直到非常均勻。

7. 繼續一點點、一點點地加入蛋液，拌成有硬度、滑順又閃亮的糊狀。

8. 把麵糊放進裝了1cm圓形花嘴的擠花袋。

9. 擠出核桃大小的圓形麵糊，每團之間要留下夠空間。烤20分鐘，直到麵糊膨脹、呈金黃色

小蛋糕

. 從烤箱中取出，每個泡芙側邊都切一條縫，
蒸氣逸出。

11. 放回烤箱再烤2分鐘，烤到酥脆，然後移到
網架上徹底冷卻。

12. 上桌前，先預留100ml的鮮奶油在鍋子裡，
其他的鮮奶油則打到發泡。

. 鍋中的鮮奶油再加入巧克力、奶油和糖漿，
火加熱到融化。

. 把打發的鮮奶油放在裝了5mm星形花嘴的擠
袋中。

. 把鮮奶油擠到泡芙裡。切開泡芙，中間擠滿
奶油。

16. 把泡芙擺在大盤子或是蛋糕架上。巧克力奶油醬攪拌均勻後淋在泡芙上，立刻上桌。
事先準備 沒有夾餡的泡芙放在密封容器中可以保存2天。

泡芙麵糊的幾種變化

巧克力柳橙泡芙

這是原味泡芙的美味變化體，微酸的柳橙皮屑和利口酒畫龍點睛。盡量使用可可含量至少60%的黑巧克力，才能創造出苦苦的巧克力柳橙滋味。

6人份	20分鐘	40分鐘	未夾餡可保存12週

特殊器具

特殊器具
2個擠花袋，1個1cm的圓形花嘴和1個5mm的星形花嘴

材料

泡芙麵糊部分
60g 中筋麵粉
50g 無鹽奶油
2顆蛋，打散

夾心部分
500ml 重乳脂鮮奶油或打發用鮮奶油
1大顆柳橙的皮屑
2大匙 柑曼怡橙香甜酒（Grand Marnier）

巧克力醬部分
150g優質黑巧克力，掰成小塊
300ml 低脂鮮奶油（single cream）
2大匙 轉化糖漿
1大匙 柑曼怡橙香甜酒

作法

1. 烤箱預熱至220°C。取兩個大型烤盤鋪上烘焙紙。把麵粉篩入大碗中，篩網要舉高，盡量讓多一點空氣混進麵粉裡。

2. 奶油和150ml的水一起放入小鍋中，小火加熱至融化。煮到沸騰，關火，把麵粉倒進去。用木湯匙攪拌到滑順，麵糊應該可以結成一團。冷卻10分鐘。把蛋液一點一點慢慢加入，每次都要攪拌到完全均勻後再繼續加，形成有點硬但很滑順的麵糊。

3. 把麵糊放進裝了1cm圓形花嘴的擠花袋。在烤盤上擠出核桃大小的麵糊，彼此之間要留下足夠空間。烤20分鐘，直到麵糊膨脹且呈金黃色。從烤箱中拿出來，在每個泡芙側邊劃一條縫讓蒸氣逸出。放回烤箱再烤2分鐘，烤到泡芙酥脆。移到網架上徹底冷卻。

4. 製作夾心：在大碗中把鮮奶油、柳橙皮屑和柑曼怡橙香甜酒一起打到比軟性發泡稍微硬一點。用裝了星形花嘴的擠花袋把奶油裝填到泡芙裡。

5. 製作巧克力醬：把巧克力、鮮奶油、糖漿和柑曼怡橙香甜酒一起放在小鍋中融化，攪拌至醬料光亮又滑順。把巧克力醬趁熱淋在泡芙上，即可上桌。

事先準備

未夾餡的泡芙放在密封容器內可保存2天。

烘焙師小祕訣

從烤箱裡把泡芙拿出來以後，立刻在泡芙側邊戳洞、讓蒸氣逸出，是很重要的步驟。這樣可以讓泡芙的口感蓬鬆、乾燥又酥脆。如果沒有在泡芙上戳洞，蒸氣就會留在泡芙裡，泡芙也會變得又溼又軟。

燻鮭魚法式乳酪球（Cheese Gougère with Smoked Salmon）

這種鹹泡芙是法國勃艮第地區的傳統菜餚，那裡每家烘焙坊的櫥窗裡幾乎都展示著法式乳酪球。填進燻鮭魚餡，就是精緻的開胃小菜。

8人份	40-45分鐘	30-35分鐘

內文

75g 無鹽奶油，另備少許塗刷表面用
1又1/4小匙 鹽
150g 中筋麵粉，過篩
6顆蛋
125g葛瑞爾乳酪（Gruyère cheese），刨粗絲

燻鮭魚內餡部分
鹽和胡椒
1kg 新鮮菠菜，清洗並挑揀乾淨
30g 無鹽奶油
1顆洋蔥，切碎
4瓣大蒜，切碎
1撮肉豆蔻粉
250g 奶油乳酪
175g 燻鮭魚，切成條狀
4大匙 牛奶

作法

1. 烤箱預熱至190°C。取兩個烤盤刷上奶油。把奶油、250ml水和3/4小匙的鹽一起放在鍋中融化。煮沸後關火，加入麵粉，攪打到滑順。一邊攪打，一邊再以小火加溫約30秒，直到變乾。

2. 關火。加入4顆蛋，每次1顆，攪拌均勻。把第5顆蛋打散，慢慢加進去。把一半分量的乳酪也加進去，攪拌均勻。在烤盤上放8顆6cm高的麵團。把最後那顆蛋和鹽一起打散，刷在每團麵糰上。撒上剩餘的乳酪，烤30-35分鐘，直到泡芙變結實。從烤箱中移到網架上，切掉頂端，靜置冷卻。

3. 燒開一鍋加了鹽的水。把菠菜放進去燙1-2分鐘。撈起菠菜，等冷卻後擠出多餘的水分，然後切碎。在煎鍋中融化奶油，把洋蔥炒到變軟。加入大蒜、肉豆蔻粉、鹽和胡椒調味，最後加入菠菜。拌炒至水分收乾。加入奶油乳酪，持續攪拌至餡料徹底融合。離火。

4. 加入2/3分量的燻鮭魚，把牛奶也倒進去，攪拌均勻。在每個乳酪泡芙裡填入2-3大匙的餡料，剩下的燻鮭魚擺在最上面裝飾，切下來的泡芙蓋子靠著泡芙放好，立刻上桌。

小蛋糕

巧克力閃電泡芙（Chocolate Éclair）

這是泡芙的親戚，很好變花樣：可以淋巧克力柳橙醬、夾柳橙奶油餡（見左頁），或是夾卡士達奶油醬、巧克力卡士達奶油醬。

可做30個　　30分鐘　　25-30分鐘　　未夾餡可保
　　　　　　　　　　　　　　　　　　存12週

特殊器具

裝有1cm圓型花嘴的擠花袋

材料

■ 75g 無鹽奶油
■ 125g 中筋麵粉，過篩
■ 3顆蛋
■ 500ml 重乳脂鮮奶油或打發用鮮奶油
■ 150g 優質黑巧克力，掰成小塊

作法

1. 烤箱預熱至200˚C。奶油和200ml的冷水一起放在鍋中加熱融化，然後煮到沸騰。

離火，把麵粉拌進去，用木湯匙攪打至完全融合。

2. 蛋稍微打散，一次一點點地加入奶油麵糊中，並持續攪拌。繼續攪打至麵糊光亮又滑順，並可以輕易脫離鍋邊為止。倒進擠花袋中。

3. 在2個鋪了烘焙紙的烤盤上，擠出10cm長的麵糊，用沾過水的刀子把麵糊從擠花嘴處切斷。全部應該可以做出30條左右。烤20-25分鐘，或直到泡芙烤成金棕色。從烤箱中取出，每個側邊都劃一刀。再放回烤箱烤5分鐘，讓裡面烤透。再次取出，徹底冷卻。

4. 鮮奶油放在大碗中，用手持電動攪拌器

打到軟性發泡。用匙的或用擠花袋擠進每個閃電泡芙裡。把巧克力放進耐熱的大碗，架在一鍋微微沸騰的開水上，碗底不可碰到水面，讓巧克力融化。用湯匙把巧克力淋在泡芙上，等巧克力乾了即可上桌。

事先準備

沒有填餡的閃電泡芙放在密封容器內，可保存2天。

覆盆子奶油蛋白霜脆餅
（Raspberry Cream Meringue）

這種迷你蛋白霜脆餅夾著新鮮的覆盆子和打發的鮮奶油，最適合夏天的自助饗宴。

可做6-8個　10分鐘　1小時

特殊器具
金屬攪拌盆
附圓形花嘴的擠花袋（可省略）

材料
4個蛋白，室溫（中等大小的蛋白約重30g）
約240g 細砂糖，見步驟3

夾心部分
100g 覆盆子
300ml 重乳脂鮮奶油
1大匙 糖粉，過篩

小蛋糕

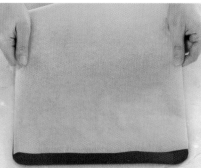

1. 烤箱預熱至120°C左右。烤盤鋪上烘焙紙。

2. 要確定鋼盆是乾淨且沒有水氣的。必要的話，可以用檸檬把油脂都擦乾淨。

3. 幫蛋白秤重。需要的糖量剛剛好是蛋白重量的2倍。

4. 在鋼盆中以電動攪拌器把蛋白打到硬性發泡。

5. 每次幾大匙，把一半的糖加到蛋白中，每加一次就要攪打一次。

6. 把剩下的糖輕輕拌入蛋白中，盡量不要讓蛋白裡的空氣跑掉。

7. 蛋白霜用大匙舀到烤盤上，之間要留下約5cm的空間。

8. 也可以用圓形花嘴把蛋白霜擠在烤盤上。放在烤箱中層烤1小時。

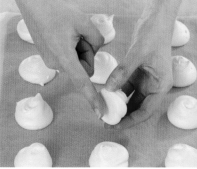

9. 烤好的蛋白霜可以從烘焙紙上輕鬆取下，敲起來會有空洞的聲音。

. 烤箱關火，先讓蛋白霜在烤箱裡涼一下，再
到網架上放到完全冷卻。

11. 把覆盆子放在碗裡，用叉子背面壓碎。

12. 另取一個大碗，打發重乳脂鮮奶油，打到有
硬度但非硬性發泡。

. 輕輕把鮮奶油和覆盆子攪拌均勻，加入糖粉。

. 取一半的蛋白霜脆餅，在平坦面抹上一點覆
子鮮奶油。

. 再黏上沒有抹奶油的另外一半脆餅，做成夾
脆餅。

若想做成甜的法式開胃小點，可以把蛋白霜擠小團一點，烘烤時間縮短為45分鐘，這樣大約可做
出20個蛋白霜夾心脆餅。　**事先準備** 未夾餡的蛋白霜放在密封容器中可保存5天。

蛋白霜的幾種變化

巨大開心果蛋白霜脆餅

這種美麗的作品太大片了，不能夾鮮奶油，必須當成超大的餅乾吃。

可做8個　15分鐘　1.5小時

特殊器具
裝好刀片的食物處理器
大型金屬碗

材料
100g 去殼原味開心果
4個蛋白，室溫
約240g 細砂糖，見第134頁、步驟3

作法

1. 烤箱以最低溫預熱，約120°C。把開心果放在烤盤上，烤約5分鐘，然後倒在乾淨的茶巾上，搓掉多餘的皮。放涼。把將近一半的開心果用食物處理器打成粉，另一半則大致切碎。

2. 把蛋白放在金屬碗中，用電動攪拌器攪打至硬性發泡。每次加入2大匙糖，打散後再繼續加，直到加入至少一半的糖。把剩下的糖和開心果粉加進蛋白霜輕輕拌勻，盡量不要讓空氣跑掉。

3. 烤盤上鋪烘焙紙，把蛋白霜一大尖匙、一大尖匙地放在烤盤上，周圍至少要留5cm的空間。蛋白霜上面撒上切碎的開心果。

4. 放在烤箱中層烤1.5小時。關火，讓蛋白霜在烤箱內冷卻，這樣才不會裂開。把蛋白霜從烤箱中取出，在網架上放到完全冷卻。把蛋白霜脆餅堆疊起來上桌，這樣的視覺效果最有震撼力。

保存

放在密封容器內可保存3天。

檸檬堅果糖蛋白霜脆餅

這種蛋白霜脆餅類似蒙布朗（見右頁），但多了脆脆的顆粒感。

6人份　35分鐘　1.5小時

特殊器具
裝上星形花嘴的擠花袋

材料
3個蛋白，室溫
約180g 細砂糖，見第134頁、步驟3
蔬菜油，塗刷表面用
60g 一般砂糖
60g 整粒的去皮杏仁
1撮 塔塔粉
85g 黑巧克力，掰成小塊
150ml 重乳脂鮮奶油
3大匙 檸檬酪醬

作法

1. 烤箱預熱至120°C，烤盤鋪上烘焙紙。蛋白打到硬性發泡。加入2大匙細砂糖，攪拌到光亮滑順。然後每次1大匙，把其餘的細砂糖慢慢加入，攪拌均勻後再加下一匙。舀入擠花袋內，在烤盤上擠出6個10cm的環狀蛋白霜，烤1.5小時，直到酥脆。

2. 同時，製作堅果糖。烤盤上抹油，把一般砂糖、杏仁和塔塔粉放在深的小湯鍋內。開小火，邊煮邊攪至糖融化。煮到糖漿變成金黃色，然後倒在抹了油的烤盤上，等到完全冷卻後大致切塊。

3. 在一鍋微微沸騰的水上架一個耐熱的碗，用來融化巧克力。把鮮奶油打到剛好可以留下痕跡，然後拌入檸檬酪醬。在每個蛋白霜脆餅上抹巧克力。巧克力凝固後，把檸檬酪醬鮮奶油堆在上面，撒上堅果糖，上桌。

事先準備

蛋白霜脆餅的部分放在密封容器內可保存5天。

小蛋糕

蒙布朗（Mont Blanc）

如果使用的是甜的栗子泥，就把餡料中的細砂糖省略。

可做8個　20分鐘　45-60分鐘

特殊器具

- 大型金屬碗
- 10cm 圓形餅乾切模

材料

- 4個蛋白，室溫
- 約240g 細砂糖，見第134頁，步驟3
- 葵花油，塗刷表面用

夾心部分

- 435g 罐裝甜味或原味栗子泥
- 100g 細砂糖（可省略）
- 1小匙 香草精
- 600ml 重乳脂鮮奶油
- 糖粉，裝飾用

作法

1. 烤箱以最低溫預熱，約為120°C左右。把蛋白放在乾淨的大型金屬碗中攪打到硬性發泡。每次加入2大匙糖，攪打均勻後再繼續加，直到加入至少一半的糖。輕輕把剩下的糖都拌入蛋白中，盡量不要讓空氣跑掉。

2. 餅乾切模上抹少許油，在兩個烤盤內鋪上矽膠烘焙紙。把餅乾切模放在烘焙紙上，將蛋白霜舀入餅乾模型中，高度約為3cm。抹平表面，輕輕拿掉餅乾模。每個烤盤上要放4個蛋白霜。

3. 如果喜歡有嚼勁的，就把蛋白霜放在烤箱中層烤45分鐘，不然就烤1小時。關掉烤箱，讓蛋白霜脆餅在烤箱中冷卻，以免脆餅裂開。把蛋白霜脆餅移到網架上，放到完全冷卻。

4. 把栗子泥和細砂糖（若有使用）、香草精和4大匙重乳脂鮮奶油放入大碗，攪打至滑順。用篩網濾成輕盈蓬鬆的夾心。另取一個大碗，把剩下的重乳脂鮮奶油攪打到變稠。

5. 把1大匙栗子餡輕輕抹在蛋白霜脆餅上，用抹刀抹平。上面再放上1大匙打發鮮奶油，用抹刀做成柔軟的小山峰。撒上糖粉即可上桌。

事先準備

蛋白霜脆餅的部分可以提前5天做好，保存在密封容器中。

烘焙師小祕訣

用來打發蛋白的碗一定要完全乾淨且乾燥。為了確保分量正確，最好先秤過蛋白的重量。糖的重量必須剛好是蛋白的兩倍。最好使用電子秤。

蛋白霜的幾種變化

餅乾和切片蛋糕
biscuits cookies & slices

榛果葡萄乾燕麥餅

這種餅乾是餅乾罐子裡的理想存糧——對小孩來說夠美味，對大人來說也夠健康。

可做18片　20分鐘　10-15分鐘　可保存8週

材料

100g 榛果
100g 無鹽奶油，軟化
200g 鬆軟的紅糖
1顆蛋，打散
1小匙 香草精
1大匙 液狀蜂蜜
125g 自發麵粉，過篩

125g 大燕麥片
1撮鹽
100g 葡萄乾
少許牛奶，備用

1. 烤箱預熱至190℃。榛果放在烤盤中烤5分鐘。

2. 烤好後，用乾淨的茶巾把榛果的皮大致搓掉。

3. 將榛果大致切碎，備用。

4. 在大碗中把奶油和糖用電動攪拌器攪打至滑順。

5. 加入蛋、香草精和蜂蜜，再度攪打至滑順。

6. 麵粉、燕麥片和鹽放在另一個大碗中，攪拌均勻。

7. 把麵粉材料加到打好的奶油糖霜中，攪打至融合。

8. 加進切碎的榛果和葡萄乾，攪拌到均勻。

9. 如果麵糊太硬不好操作，可加入少許牛奶，讓麵團容易塑型。

⑩. 取2-3個烤盤鋪上烘焙紙，把麵團搓成核桃大小的球狀。

11. 稍微把小球壓扁，周圍要保留足夠空間。

12. 每批麵團烤10-15分鐘，直到呈金黃色。稍微冷卻，然後移到網架上。

榛果葡萄乾燕麥餅

⑬. 徹底冷卻後再上桌。 **保存** 這種餅乾放在密封容器內可保存5天，所以如果在星期天晚上做一批，就可以撐過五個上班上學日。

餅乾的幾種變化

開心果蔓越莓燕麥餅

這種餅乾是從經典的水果和堅果餅乾變化而來的，口味比較適合大人，點綴其間的開心果和蔓越莓則微微閃耀著寶石般的色彩。

可做24片　20分鐘　10-15分鐘　可保存8週

材料

100g 無鹽奶油，軟化
200g 鬆軟的紅糖
1顆蛋
1小匙 香草精
1大匙 液態蜂蜜
125g 自發麵粉，過篩
125g 燕麥片
1撮鹽
100g 開心果，稍微烤過並大致切碎
100g 蔓越莓乾，大致切碎
少許牛奶，備用

作法

1. 烤箱預熱至190˚C。奶油和糖放在大碗中，用電動攪拌器打到滑順。加入蛋、香草精和蜂蜜，再次攪打到滑順。

2. 加入麵粉、燕麥和鹽，用木匙攪拌。加入切碎的開心果和蔓越莓，攪拌到完全混合。如果太乾，就加少許牛奶，讓麵團可以操作。

3. 內取核桃大小的麵團，用手揉成球狀。取2-3個烤盤鋪上烘焙紙，放上小球並稍微壓一下，小球之間要保留足夠空間，讓餅乾可以攤開。

4. 烤10-15分鐘，直到呈金棕色（可能需要分批烤）。烤好後先連烤盤一起涼一下，再把餅乾移到網架上冷卻。

保存

在密封容器中可保存5天。

烘焙師小祕訣

熟悉了燕麥餅乾的配方之後，就可以嘗試各種新鮮水果或水果乾加堅果的組合，也可加入各種雜糧，如葵花子或南瓜子。

蘋果肉桂燕麥餅

這種餅乾的麵團裡加了磨碎的蘋果，所以吃起來柔軟又有嚼勁。

可做24片　20分鐘　10-15分鐘　可保存8週

材料

100g 無鹽奶油，軟化
200g 鬆軟的紅糖
1顆蛋
1小匙 香草精
1大匙 液態蜂蜜
125g 自發麵粉，過篩
125g 燕麥片
2小匙 肉桂粉
1撮鹽
2個蘋果，去皮、去芯、刨絲
少許牛奶，備用

作法

1. 烤箱預熱至190˚C。把奶油和糖放在大碗中，用電動攪拌器攪打至滑順。加入蛋、香草精和蜂蜜，再打到滑順。

2. 用木匙把麵粉、燕麥片、肉桂粉和鹽拌入奶油糖霜中，攪拌至完全融合，再加入蘋果絲。如果麵團太硬，就加少許牛奶。取核桃大小的麵團，用手揉成小球。

3. 把小球排放在2-3個鋪了烘焙紙的烤盤上，稍微壓扁，周圍要留足夠空間讓餅乾可以攤平。

4. 烤10-15分鐘，直到餅乾烤成金棕色。稍微涼一下，然後移到網架上放到徹底冷卻。

保存

放在密封容器內可保存5天。

白巧克力夏威夷豆餅乾

經典巧克力餅乾的巧妙變化版。

可做24片　25分鐘　10-15分鐘　可保存4週

冷藏時間
30分鐘

材料
50g 優質黑巧克力，掰成小塊
00g 自發麵粉
5g 可可粉
5g 無鹽奶油，軟化
75g 鬆軟的紅糖
顆蛋，打散
小匙 香草精
0g 夏威夷豆，大致切碎
0g 白巧克力碎塊

手法

1. 烤箱預熱至180˚C。把耐熱的碗架在一鍋微微沸騰的開水上，碗不可以碰到水面。巧克力放在碗中融化，然後靜置冷卻。麵粉和可可粉一起過篩。

2. 另取一個大碗，把奶油和糖用電動攪拌器攪打至輕盈蓬鬆。把蛋和香草精打進去。輕輕拌入麵粉材料。加入巧克力，攪拌至完全融合。最後把夏威夷豆和白巧克力碎塊也拌進去。把碗蓋好，冷藏30分鐘。

3. 把冷藏後的餅乾麵團一大匙一大匙地挖到2-3個鋪了烘焙紙的烤盤上，麵團之間至少要有5cm的間隔，因為麵團會攤平。

4. 放在烤箱頂部三分之一處烤10-15分鐘，直到徹底烤熟，但中間仍然柔軟。讓餅乾連烤盤一起涼個幾分鐘，再移到網架上冷卻。

保存
放在密封容器中可以保存3天。

奶油餅乾（Butter Biscuit）

這種優雅的薄餅是我最愛的食譜之一。做起來快又簡單，而且絕對讓人吃了還想再吃。

可做30片　15分鐘　10-15分鐘　可保存8週

材料
100g 細砂糖
225g 中筋麵粉，過篩，另備少許作為手粉
150g 無鹽奶油，軟化、切丁
1個 蛋黃
1小匙 香草精

特殊器具
7cm 圓形餅乾切模
裝好刀片的食物處理器（可省略）

餅乾和切塊蛋糕

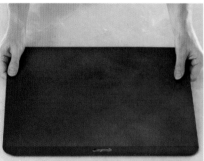

1. 烤箱預熱至180℃。手邊準備幾個不沾烤盤。

2. 糖、麵粉和奶油一起放入大碗，或是放進食物處理器。

3. 用手指搓或是用食物處理器的瞬轉功能，把材料打成細緻的屑狀。

4. 加入蛋黃及香草精，把材料按壓成團。

5. 把麵團放在撒了少許麵粉的工作檯面上，稍微揉一下，揉到麵團光滑即可。

6. 麵團和工作檯面都撒上足量麵粉，然後將麵團擀成約5mm的薄片。

7. 把抹刀鏟起麵皮，以免麵皮黏住。

8. 如果麵團太黏，不容易擀開，就先冷藏15分鐘再試。

9. 用餅乾切模切出圓片，並移到烤盤上。

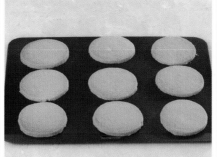

9. 把剩下的麵皮聚成團，再重新**擀**成5mm的麵皮，繼續切出圓片，直到麵皮用完。

11. 每批餅乾烤10-15分鐘，直到邊緣呈金棕色。

12. 讓餅乾涼一下，等到硬得可以拿起時，再移到網架上。

讓奶油餅乾在網架上徹底冷卻再上桌。 **保存** 放在密封容器中可保存5天。

奶油餅乾的幾種變化

糖薑餅乾

加了糖薑，所以風味更溫暖、更有深度。

可做30片　15分鐘　12-15分鐘　可保存8週

特殊器具

7cm圓形餅乾切模
裝好刀片的食物處理器（可省略）

材料

100g 細砂糖
225g 中筋麵粉，過篩，另備少許作為手粉
150g 無鹽奶油，軟化、切丁
1小匙 薑粉
50g 糖薑（crystallized ginger），切碎
1個蛋黃
1小匙 香草精

作法

1. 烤箱預熱至180˚C。準備3-4個不沾烤盤。糖、麵粉和奶油放進大碗或食物處理器，用手搓或用機器攪打至呈細屑狀。加入薑粉和糖薑末攪拌均勻。

2. 加入蛋黃和香草精，把材料按壓成麵團。倒在撒了少許麵粉的工作檯面上，稍微揉一下，直到麵團光滑即可。

3. 麵團和工作檯面都撒上足量麵粉，擀成5mm厚的麵皮。用餅乾切模切出餅乾，放到不沾烤盤上。

4. 放進烤箱烤12-15分鐘，等餅乾邊緣呈金棕色即可。連烤盤一起放涼幾分鐘，再移到網架上徹底冷卻。

保存

放在密封容器内可以保存5天。

杏仁奶油餅乾

這種美味的餅乾加了杏仁精，非常符合大人的口味，而且不會太甜。

可做30片　15分鐘　12-15分鐘　可保存8週

特殊器具

7cm 圓形餅乾切模
裝好刀片的食物處理器（可省略）

材料

100g 細砂糖
225g 中筋麵粉，過篩，另備少許作為手粉
150g 無鹽奶油，軟化、切丁
40g 杏仁片，略為烤過
1個蛋黃
1小匙 杏仁精

作法

1. 烤箱預熱至180˚C，準備3-4個不沾烤盤。糖、麵粉和奶油放進大碗或食物處理器內，用手搓或用機器打到呈碎屑狀。加入杏仁片攪拌。

2. 加入蛋黃和杏仁精，把材料按壓成麵團。稍微揉到麵團光滑，然後擀成5mm厚的麵皮。

3. 用餅乾切模切出餅乾形狀，放到不沾烤盤上。每批烤12-15分鐘，直到餅乾邊緣呈金棕色。連烤盤一起放涼幾分鐘，再移到網架上徹底冷卻。

保存

放在密封容器内可以保存5天。

烘焙師小祕訣

一定要買萃取的杏仁精（almond extract），因為標示為杏仁香精（essence）的是用人工食品香料做的。若想做成適合配咖啡的絕佳飯後餅乾，可以把麵皮再擀薄一些，烤5-8分鐘。

擠花餅乾（Spritzgebäck Biscuit）

這種精緻的奶油餅乾，是從傳統的德國經典聖誕餅乾變化而來的。▶

可做45片　45分鐘　15分鐘

特殊器具

擠花袋和星形擠花嘴

材料

380g 奶油，軟化
250g 細砂糖
幾滴香草精
1撮鹽
500g 中筋麵粉，過篩
125g 杏仁粉
2個蛋黃，備用
100g 黑巧克力或牛奶巧克力

作法

1. 烤箱預熱至180˚C。準備2-3個烤盤並鋪上烘焙紙。奶油放在大碗中攪打至滑順。加入糖、香草精和鹽，攪拌至奶油變濃稠，糖也都被奶油吸收。把大約三分之二的麵團一點一點加進去攪拌。

2. 加入剩下的麵粉和杏仁粉，揉成麵團。把麵團放入擠花袋，擠出約7.3cm長的條狀麵團到烤盤上。如果有需要，可以用2個蛋黃讓麵團鬆軟一點。

3. 烤12分鐘，或直到餅乾烤成金黃色，然後移到網架上。在一鍋沸水上架一個大碗，融化巧克力。把餅乾的一端在融化的巧克力中浸一下，再放回網架上，等巧克力凝固。

保存

放在密封容器中可保存2-3天。

薑餅人（Gingerbread Man）

所有小朋友都喜歡做薑餅人。這份食譜做起來很快，麵團本身對小小烘焙師來說也很容易操作。

可做16片　20分鐘　10-12分鐘　未烘烤可保存8週

特殊器具
11cm的薑餅人切模
有細花嘴的擠花袋（可省略）

材料
4大匙 轉化糖漿
300g 中筋麵粉，另備少許作為手粉
1小匙 小蘇打
1.5小匙 薑粉
1.5小匙 綜合香料
100g 無鹽奶油，軟化、切丁
150g 鬆軟的黑糖

1顆蛋
葡萄乾，裝飾用
糖粉，過篩（可省略）

1. 烤箱預熱至190℃。轉化糖漿加熱到呈液態，然後冷卻。

2. 麵粉、小蘇打和香料粉篩入碗中，加入奶油。

3. 用指尖搓揉奶油和麵粉，直到變成細緻的屑狀。

4. 把黑糖加入奶油麵粉屑中，攪拌均勻。

5. 把蛋打入冷卻的轉化糖漿，攪拌到均勻混合。

6. 在麵粉中央挖個洞，倒入糖漿，攪拌成粗糙的麵團。

7. 在撒了少許麵粉的工作檯面上，稍微揉一下麵團，至到麵團光滑即可。

8. 麵團和工作檯面都撒上足量麵粉，把麵團擀成約5mm厚的麵皮。

9. 用餅乾切模盡可能多切出一些薑餅人，放在不沾烤盤上。

餅乾和切塊蛋糕

9. 把切剩的麵皮集中起來、重新**擀開**，繼續壓薑餅人，直到麵團用完。

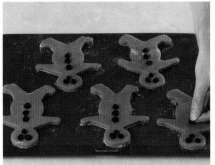

11. 用葡萄乾裝飾薑餅人，放上眼睛、鼻子，並在胸口排出鈕扣。

12. 烤10-12分鐘，直到烤成金黃色。移到網架上徹底冷卻。

13. 如果要使用糖霜，就把少許糖粉和剛好足夠的水攪拌均勻，做成稀薄的糖霜。

14. 把糖霜放到擠花袋中。先把擠花袋放進杯子固定，會比較好裝。

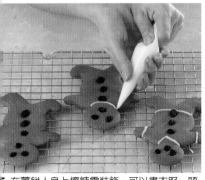

15. 在薑餅人身上擠糖霜裝飾，可以畫衣服、頭髮，愛畫什麼就畫什麼。

16. 等糖霜完全凝固再上桌或收起來。 **保存** 薑餅人放在密封容器內可保存3天。

薑餅的幾種變化

瑞典香料餅乾

這是傳統瑞典耶誕餅乾的一種。你敢擀多薄就擀多薄（擀得愈薄，烤的時間就愈短），這樣才能做出真正的瑞典耶誕餅乾。

可做60片　20分鐘　10分鐘　未烘烤可保存8週

冷藏時間
1小時

特殊器具
7cm的心形或星形餅乾切模

材料
125 無鹽奶油，軟化
150g 細砂糖
1顆蛋
1大匙 轉化糖漿
1大匙 黑糖蜜
250g 中筋麵粉，另備少許作為手粉
1撮鹽
1小匙 肉桂粉
1小匙 薑粉
1小匙 綜合香料

作法

1. 奶油和糖用電動攪拌器打到呈乳霜狀。加入蛋、轉化糖漿和黑糖蜜一起打。另取一個大碗，麵粉、鹽和香料一起篩入。把乾粉類加入奶油蛋液，攪拌成粗糙的麵團。

2. 稍微揉一下，揉到麵團光滑即可。用塑膠袋裝好，放進冰箱冷藏1小時。

3. 烤箱預熱至180˚C。將麵團擀成3mm薄的麵皮，並用餅乾切模切出形狀。

4. 把餅乾放到不沾烤盤上，放在烤箱上層三分之一的地方烤10分鐘，直到邊緣稍微上色。連同烤盤一起放涼幾分鐘，再移到網架上徹底冷卻。

保存

放在密封容器中可保存5天。

烘焙師小祕訣

這種餅乾的原型是瑞典耶誕餅乾Pepparkakor，也就是薑餅。如果想以傳統的瑞典風格裝飾耶誕樹，就把餅乾做成心型，烤之前還先用吸管在頂端戳一個小洞。烤好之後，再用紅絲帶把餅乾綁在耶誕樹上。

薑味堅果餅乾（Gingernut Biscuit）

這種餅乾加了碎堅果，所以分外獨特。

可做45片　30分鐘　8-10分鐘　未烘烤可保存8週

特殊器具
7cm 餅乾切模（形狀隨意）

材料
250g 中筋麵粉，另備少許作為手粉
2小匙 泡打粉
175g 細砂糖
幾滴香草精
1/2小匙 綜合香料
2小匙 薑粉
100g 透明蜂蜜
1顆蛋，蛋黃蛋白分開
4小匙 牛奶
125g 奶油，軟化、切丁
125g 杏仁粉
切碎的榛果或杏仁，裝飾用

作法

1. 烤箱預熱至180˚C。在兩個烤盤上鋪烘焙紙。

2. 麵粉和泡打粉篩入大碗。除了碎堅果以外，其他材料都加進去。用木匙把材料攪拌成柔軟的麵團。用手把麵團整成球型。

3. 在撒了少許麵粉的工作檯面上把麵團擀成5mm厚的麵皮。用餅乾切模切出形狀，放在烤盤上，之間要留下足夠空間，讓餅乾膨脹。蛋白打散，刷在餅乾上，然後撒上碎堅果。烤8-10分鐘，或直到呈淡金棕色。

4. 從烤箱中拿出來，連烤盤一起放涼幾分鐘，再移到網架上徹底冷卻。

保存

放在密封容器內可保存3天。

肉桂星星餅
（Cinnamon Star）

這是經典的德式餅乾，也是很棒的救急耶誕禮物。

可做30片　20分鐘　12-15分鐘　未烘烤可保存4週

冷藏時間
1小時

特殊器具
7cm星形餅乾切模

材料
2個大蛋的蛋白
225g 糖粉，另備少許作為手粉
1/2小匙 檸檬汁
1小匙 肉桂粉
250g 杏仁粉
蔬菜油，塗刷表面用
少許牛奶，備用

作法

1. 把蛋白打到硬。篩入糖粉，加入檸檬汁，繼續攪打5分鐘，直到濃稠又光亮。取出2大匙蛋白霜，另外裝起來、蓋好備用，稍後要拿來裝飾餅乾。

2. 把肉桂粉和杏仁粉輕輕拌入剩下的蛋白霜中。蓋好放進冰箱冷藏1小時或過一夜。蛋白霜應該要是濃稠的糊狀。

3. 烤箱預熱至160℃。在工作檯面上撒糖粉，然後把蛋白糊倒在工作檯面上。用少許糖粉揉成柔軟的麵團。擀麵棍上抹些糖粉，把麵團擀成5mm厚的餅皮。

4. 餅乾切模和不沾烤盤都抹上少許油，用切模在餅皮上切出星形狀，放在烤盤上。每塊餅乾上都刷上一些之前留下的蛋白霜，若是太濃，就加少許牛奶拌勻。

5. 放在烤箱上層烤12-15分鐘，直到表面的蛋白霜凝固。連同烤盤一起冷卻至少10分鐘，再移到網架上。

保存
放在密封容器內可以保存5天。

卡尼思脆莉（Canestrelli）

這種討喜的義大利餅乾輕盈如空氣，傳統上是用花形餅乾模製作——這麼精緻的餅乾就是適合這樣的造型。

可做20-30片　20分鐘　15-20分鐘　可保存4週

冷藏時間

30分鐘

特殊器具

花形餅乾切模，或2個不同大小的圓形餅乾切模

作法

1. 把蛋黃輕輕滑進一小鍋微微沸騰的水裡，用小火煮5分鐘，直到完全硬化，然後撈出來，靜置冷卻。涼透了之後，用湯匙背面把蛋黃從細篩網中壓過去，刮到小碗中。

2. 奶油和糖粉用電動攪拌器攪打到輕盈蓬鬆，加入蛋黃和檸檬皮屑，攪打到融合。

3. 把粉類篩在一起，拌入奶油蛋漿中攪打均勻，直到形成光滑柔軟的麵團。把麵團放到塑膠袋內，冷藏30分鐘，讓麵團變硬。烤箱預熱至160°C，並準備好3-4個不沾烤盤。

4. 把冷藏好的麵團在撒了少許麵粉的工作檯面上擀成1cm厚的麵皮。切出傳統的花形或其他形狀。如果沒有花形切模，可以

材料

3個完整的蛋黃
150g 無鹽奶油，軟化
150g 糖粉，過篩
半顆檸檬的皮屑
150g 馬鈴薯粉
100g 自發麵粉（如果不能吃小麥食品就用更多的馬鈴薯粉代替），另備少許作為手粉

用一大一小的圓形切模切出環形餅皮。

5. 把餅乾放在烤盤中，放在烤箱上面三分之一處烤15-17分鐘，直到剛好開始變成金色。剛烤好的卡尼思脆莉非常容易碎，所以要連同烤盤一起放涼至少10分鐘，再移到網架上徹底冷卻。

保存

卡尼思脆莉放在密封容器中可以保存5天。

烘焙師小祕訣

這種精緻的餅乾源自義大利的利古里亞大區。質地輕盈是因為傳統配方中會使用馬鈴薯粉。如果買不到馬鈴薯粉，00等級的麵粉（在大一點的超市或義大利食品店找找看）、甚至中筋麵粉，都會是很好的替代品。

餅乾和切塊蛋糕

蛋白杏仁餅（Macaroon）

這種杏仁蛋白霜餅乾外殼酥脆，裡頭有嚼勁，勿與法式馬卡龍（macaron）混淆。

可做24個　10分鐘　12-15分鐘

特殊器具
可食用的米紙（可省略）

材料
2個蛋白
225g 細砂糖
125g 杏仁粉
30g 米穀粉（rice flour）
幾滴杏仁精
24顆去皮杏仁

1. 烤箱預熱至180℃。用電動攪拌器把蛋白打到硬性發泡。

2. 每次一大匙，慢慢把糖加進蛋白裡一起打，打成濃稠光亮的蛋白霜。

3. 拌入杏仁粉、米穀粉和杏仁精，攪到完全均勻。

4. 若使用米紙，就把米紙平均排在兩個烤盤上。或鋪上烘焙紙。

5. 用2個茶匙來舀蛋白霜並塑形。每次舀過都要清洗、擦乾。

6. 每片米紙上放4茶匙蛋白霜，之間要留下足夠空間。

7. 讓蛋白霜保持圓形，每團中央放一顆去皮杏仁。

8. 把蛋白杏仁餅放在烤箱中層烤12-15分鐘，或直到呈淡金色。

9. 移到網架上徹底冷卻，再把每片餅乾從紙上撕下來。

餅乾和切塊蛋糕

154

白杏仁餅很黏，但如果用的是可食用的米紙，能不能把紙從餅上撕下來就無所謂了。 **保存** 蛋白杏仁餅最好出爐當天就吃掉。放在密封容器內可保存2-3天，但是會乾掉。

蛋白杏仁餅的幾種變化

椰子蛋白杏仁餅

椰子蛋白杏仁餅很好做，而且完全不含小麥。在這個配方裡，我省略了巧克力，所以這款蛋白杏仁餅依舊是很清爽的美食。

可做18-20個　20分鐘　15-20分鐘

冷藏時間
2小時

特殊器具
可食用的米紙（可省略）

材料
1個蛋白
50g 細砂糖
1撮鹽
1/2小匙 香草精
100g 椰子粉或甜味椰子粉

作法

1. 烤箱預熱至160˚C。在大碗中以電動攪拌器把蛋白打到硬性發泡。糖每次加一點，打到完全融合後再繼續加，把蛋白霜打到濃稠又光亮。

2. 加入鹽和香草精，再稍微打一下，讓材料融合。

3. 輕輕拌入椰子粉。蓋好放進冰箱冷藏2小時，讓蛋白霜變硬。這個步驟也能讓乾燥的椰子粉吸收水分變軟。

4. 在烤盤上鋪烘焙紙或米紙。把杏仁蛋白霜一小尖匙、一小尖匙地舀到烤盤上，讓每一團蛋白霜都盡量集中。

5. 放在烤箱中層烤15-20分鐘，直到有些地方開始變成金棕色。連同烤盤一起放涼至少10分鐘，讓蛋白杏仁餅變硬，再移到網架上徹底冷卻。

保存

放在密封容器內可保存5天。

巧克力蛋白杏仁餅

在基本的蛋白杏仁餅食譜中加點可可粉，就變成巧克力版了。

可做24個　20分鐘　15分鐘　可保存4週

冷藏時間
30分鐘

特殊器具
可食用米紙（可省略）

材料
2個蛋白
225g 細砂糖
100g 杏仁粉
30g 米穀粉
25g 可可粉，過篩
24顆整粒去皮杏仁

作法

1. 烤箱預熱至180˚C。在大碗中用電動攪拌器把蛋白打到硬性發泡。糖一點一點加入，每次都打到完全均勻後再繼續加，直到打成濃稠光亮的蛋白霜。

2. 拌入杏仁粉、米穀粉，然後加可可粉。蓋好冷藏30分鐘，讓蛋白霜變硬。在2個烤盤上鋪好烘焙紙或米紙。

3. 一小尖匙、一小尖匙地舀起蛋白霜，放在準備好的烤盤上，每團蛋白霜的距離至少要有4cm，因為蛋白霜還會攤開。讓每一團蛋白霜都盡量集中。每團蛋白霜頂上各放一顆去皮杏仁。

4. 放進烤箱上層烤12-15分鐘，直到外表酥脆，邊緣摸起來結實。連同烤盤一起冷卻至少5分鐘，再移到網架上徹底冷卻。

保存

最好出爐當天就吃完，但放在密封容器中可以保存2-3天。

咖啡榛果蛋白杏仁餅

這種漂亮的小餅乾很容易做，滋味豐富，晚餐後搭配咖啡上桌，格外賞心悦目。如果做得小一點，尤其好看。

可做20個	30分鐘	20分鐘	可保存4週

冷藏時間
30分鐘

特殊器具
裝好刀片的食物處理器
可食用米紙（可省略）

材料
■50g 榛果、去殼，另備20顆
■2個蛋白
■225g 細砂糖
■30g 米穀粉
■1小匙濃即溶咖啡粉，加1小匙沸水溶解並放涼，或是等量的冷濃縮咖啡

作法

1. 烤箱預熱至180˚C。把榛果放在烤盤上，烤5分鐘。放在乾淨的茶巾上，搓掉外皮。冷卻備用。

2. 蛋白打到硬性發泡。糖一點一點加進去，不斷攪打，直到所有的糖都融合、蛋白霜變得濃稠為止。

3. 用食物處理器把榛果打成粉，和米穀粉一起拌進蛋白霜，並把那1小匙咖啡也拌進去。蓋好冷藏30分鐘，讓蛋白霜變硬。

4. 用小匙把蛋白霜舀到鋪了烘焙紙或米紙的烤盤上，每匙蛋白霜之間至少相隔4cm。讓每團蛋白霜盡量集中，中央放1顆完整的榛果。

5. 放在烤箱頂層烤12-15分鐘，直到酥脆

且稍微上色。如果做得比較小，烤10分鐘之後就要檢查。連同烤盤一起放涼5分鐘，再移到網架上冷卻。

保存

最好當天就吃完，但放在密封容器中也可以保存2-3天。

烘焙師小祕訣

老式的蛋白杏仁餅最近都被比較漂亮的親戚法式馬卡龍搶了風頭（見第158-163頁）。然而，蛋白杏仁餅也不含小麥，比較容易製作，而且一樣漂亮，有一種低調的美。

草莓鮮奶油馬卡龍

製作馬卡龍的技巧看起來可能很複雜，但我也研發出適合家庭廚師製作的食譜。

可做20個　30分鐘　18-20分鐘

特殊器具
有刀片的食物處理器
裝了圓形小花嘴的擠花袋

材料
100g 糖粉
75g 杏仁粉
2個大的蛋白，室溫
75g 一般砂糖

夾心
200ml 重乳脂鮮奶油
5-10顆 非常大顆的草莓，最好和馬卡龍
的直徑相同

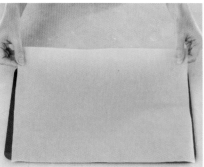

1. 烤箱預熱到150°C。在2個烤盤上鋪矽膠烘焙紙。

2. 畫20個直徑3cm的圓形，彼此之間距離3cm。把紙翻面。

3. 用食物處理器把杏仁粉和糖粉打成非常細的粉狀。

4. 在大碗裡用電動攪拌器把蛋白打到硬性發泡。

5. 一邊打，一邊加入砂糖，每一次都要打均勻再繼續加。

6. 到了這個階段，蛋白霜應該要非常硬才對，比瑞士蛋白霜還要硬。

7. 把杏仁糖粉一湯匙、一湯匙加進去，輕輕拌勻，直到剛剛好融合。

8. 把蛋白霜放進擠花袋中，先把袋子套在碗上會比較好裝。

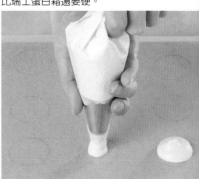

9. 利用預先畫好的形狀，把蛋白霜擠在圓形中央，擠的時候擠花袋要垂直。

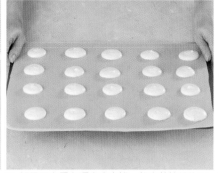

盡量讓擠出來的蛋白霜大小和體積都均等，卡龍烤的時候只會再稍微膨脹一點點。

11. 如果蛋白霜上還有小尖峰，就拿著烤盤往下敲幾次。

12. 放在烤箱中層烤18-20分鐘，直到表面硬化。

選一個馬卡龍測試：一根手指用力按下，應會把馬卡龍的表層戳破。

14. 靜置15-20分鐘，再移到網架上徹底冷卻。

15. 把鮮奶油打到濃稠。如果打得不夠硬，會從旁邊滲出來，並讓馬卡龍變軟。

把同一個擠花袋洗乾淨，鮮奶油裝進去，並上同一個花嘴。

17. 取半數馬卡龍，在扁平的那一面擠上一球打發鮮奶油。

18. 草莓橫切成薄片，直徑跟馬卡龍相同。

在擠了鮮奶油的馬卡龍上各放一片草莓。

20. 把另一片馬卡龍的殼放上去，輕輕按壓。夾心應該會微微突出來。

21. 立刻上桌。**事先準備** 未夾餡的馬卡龍殼可以保存3天。

草莓鮮奶油馬卡龍

法式馬卡龍的幾種變化

橘子馬卡龍

這份食譜用的是酸香十足又風味鮮明的橘子，而不是比較常見的柳橙，來平衡蛋白霜的甜味。

可做20個　30分鐘　18-20分鐘

特殊器具
裝好刀片的食物處理器

材料
100g 糖粉
75g 杏仁粉
1小匙很細的橘子皮屑
2個大的蛋白，室溫
75g 一般砂糖
3-4滴 橘色食用色素

夾心部分
100g 糖粉
50g 無鹽奶油，軟化
1大匙 橘子汁
1小匙很細的橘子皮屑

作法

1. 烤箱預熱至150°C。在兩個烤盤上鋪矽膠烘焙紙。用鉛筆畫出3cm的圓圈，彼此之間要留下3cm的空間。用食物處理器把糖粉和杏仁粉攪打到細緻均勻，加入橘子皮屑後再稍微打一下。

2. 取一大碗，把蛋白打到硬性發泡。砂糖一點一點加入，每次都要攪打均勻之後再繼續加。最後加入食用色素打勻。

3. 每次一匙，把杏仁糖粉加入蛋白霜中輕輕拌勻。裝到擠花袋中，垂直拿著擠花袋，把蛋白霜擠到圓圈中央。

4. 放在烤箱中層烤18-20分鐘，直到表面烤硬。讓馬卡龍留在烤盤裡冷卻15-20分鐘，再移到網架上放到完全冷卻。

5. 製作夾心：把糖粉、奶油、橘子皮屑和橘子汁一起攪打到滑順。放入（乾淨的）擠花袋中，使用同樣的花嘴。在半數馬卡龍扁平的那面擠上一球糖霜，然後再放上沒有加糖霜的另一半。當天就要食用完畢，不然馬卡龍會軟掉。

事先準備

沒有夾餡的馬卡龍殼放在密封容器內可以保存3天。

巧克力馬卡龍

這種美味的法式馬卡龍夾的是濃郁的黑巧克力奶油霜。

可做20個　30分鐘　18-20分鐘

特殊器具
裝了刀片的食物處理器

材料
50g 杏仁粉
25g 可可粉
100g 糖粉
2個大的蛋白，室溫
75g 一般砂糖

夾心部分
50g 可可粉
150g 糖粉
50g 無鹽奶油，融化
3大匙牛奶，另取一些備用

作法

1. 烤箱預熱到150°C。在兩個烤盤內鋪上矽膠烘焙紙。用鉛筆畫出3cm的圓圈，彼此之間要留3cm的空間。用食物處理器把杏仁粉、可可粉和糖粉攪打均勻。

2. 蛋白打到硬性發泡，一邊打一邊加入砂糖。蛋白霜應該會是硬的。每次一匙，把杏仁可可粉輕輕拌入。放到擠花袋中，垂直拿好，把蛋白霜擠到每個圈圈中央。

3. 放在烤箱中層烤18-20分鐘。連同烤盤放涼15-20分鐘，再移到網架上。

4. 製作夾心：把可可粉和糖粉篩入大碗，加入奶油和牛奶攪打。如果太濃就多加一點點牛奶。放進擠花袋，把糖霜擠在半數馬卡龍的扁平面，再蓋上另一片。當天食用，不然馬卡龍會軟掉。

事先準備

未夾餡的馬卡龍殼放在密封容器中可以保存3天。

覆盆子馬卡龍

這種馬卡龍美麗如畫，漂亮得讓人捨
不得吃。

可做20個　　30分鐘　　18-20分鐘

特殊器具
裝好刀片的食物處理器

材料
00g 糖粉
5g 杏仁粉
固大的蛋白，室溫
5g 一般砂糖
—4滴粉紅色食用色素

夾心部分
50g 馬斯卡彭乳酪
0g 無籽覆盆子果醬

作法

烤箱預熱至150°C。在兩個烤盤上鋪矽
烘焙紙。用鉛筆畫出3cm的圓圈，圈圈
間要留下3cm的空間。用食物處理器把
糖粉和杏仁粉打到非常均勻細緻。

蛋白在碗中打到硬性發泡。砂糖一點一
加入，完全打勻後再繼續加。拌入食用
色素。

每次一湯匙，把杏仁糖粉輕輕拌入，直
剛好均勻。把蛋白霜裝進擠花袋中，垂
拿好，在每個圈圈正中央擠一團。

放在烤箱中層烤18-20分鐘，直到表面
硬。連同烤盤一起放涼15-20分鐘，再移
網架上徹底冷卻。

製作夾心：把馬斯卡彭乳酪和覆盆子果
一起攪打到滑順，放進（清洗乾淨的）
花袋中，裝上同一個擠花嘴。擠一球夾
在半數馬卡龍扁平的那一面，再放上另
片夾好。當天食用完畢，不然馬卡龍會
掉。

事先準備
沒有夾餡的馬卡龍殼放在密封容器中可以
保存3天。

烘焙師小祕訣
製作馬卡龍的訣竅在於技巧，而不是材料比例。
拌的動作要輕，烤盤要厚重、平坦，擠蛋白霜的
時候要垂直往下擠，這些都有助於做出完美的馬
卡龍。

香草新月餅乾（Vanillekipferl）

這種新月型的德式餅乾通常和肉桂星星餅（第151頁）一起上桌，湊成節慶的歡樂拼盤。

可做30個　35分鐘　15-17分鐘　可保存4週

冷藏時間
30分鐘

材料
200g 中筋麵粉，另備少許作為手粉
150g 無鹽奶油，軟化、切丁
75g 糖粉
75g 杏仁粉
1小匙 香草精
1顆蛋，打散
香草糖或糖粉，裝飾用

作法

1. 麵粉篩入大碗中，把軟化的奶油放進麵粉中，搓成細屑狀。篩入糖粉，並加入杏仁粉。

2. 把香草精加在蛋裡，然後倒進麵粉材料中。攪拌成柔軟的麵團，如果麵團太黏，就加一點點麵粉。把麵團放進塑膠袋，放進冰箱冷藏至少30分鐘，直到麵團變硬。

3. 烤箱預熱至160°C。把麵團分成2塊，在撒了少許麵粉的工作檯面上，把2塊都搓成直徑3cm的長條。用利刀把麵團切成1cm厚的小片。

4. 捏出餅乾的形狀：取一塊麵團，用雙掌揉成約8×2cm的長條，兩端稍微搓尖。把兩端稍微往內彎，做成新月狀。在兩個烤盤上鋪烘焙紙，放上捏好的餅乾，之間要留下一點空間。

5. 把香草新月餅乾放在烤箱上層烤15分鐘，直到稍微上色。這些餅乾不能烤到整個變成咖啡色。

6. 餅乾連同烤盤一起放涼5分鐘，然後放到香草糖中搖一搖，或是隨意撒上糖粉，並移到網架上徹底冷卻。

保存

放在密封容器中可以保存5天。

烘焙師小祕訣

這種新月造型的餅乾是德國的耶誕傳統，利用杏仁粉創造出細緻酥脆的口感。許多食譜都建議把烤好的新月餅乾放在香草糖裡搖一搖，但如果買不到香草糖，麵團裡加的香草精應該就夠香了。

餅乾和切塊蛋糕

佛羅倫斯脆片 (Florentine)

這種酥脆的義大利餅乾裡滿是水果乾和堅果，還裹著奢華的黑巧克力——最適合當作可以迅速上桌的午茶點心。

可做16-20片　20分鐘　15-20分鐘

材料
60g 奶油
60g 細砂糖

1大匙 透明蜂蜜
60g 中筋麵粉，過篩
45g 切碎的綜合果皮
45g 蜜漬櫻桃，切碎
45g 去皮杏仁，切碎
1小匙 檸檬汁
1大匙 重乳脂鮮奶油
175g 優質黑巧克力，掰成小塊

作法

1. 烤箱預熱至180℃，並在2個烤盤上鋪烘焙紙。

2. 把奶油、糖和蜂蜜放進小鍋，以小火慢慢融化。冷卻到微溫。除了巧克力以外，其他材料都加進去拌勻。

3. 把麵糊一小匙一小匙放在烤盤上，彼此之間要留下足夠空間讓餅乾攤平。

4. 烤10分鐘或直到呈金黃色。不要烤得太黑。先放在烤盤上冷卻幾分鐘，再移到網架上徹底冷卻。

5. 把巧克力塊放在耐熱的大碗中，架在一鍋微微沸騰的熱水上，碗底不可接觸到水面。

6. 巧克力融化後，用抹刀在每片餅乾上抹一層薄薄的巧克力。把巧克力那面朝上，擺在網架上等巧克力凝固。然後再抹第二層巧克力，並在巧克力快要凝固時，用叉子畫出波浪紋路。

保存

佛羅倫斯脆片放在密封容器中可以保存5天。

烘焙師小祕訣

可以給三分之一的佛羅倫斯脆片抹上牛奶巧克力，三分之一抹白巧克力，另外三分之一抹黑巧克力，擺出漂亮的三色佛羅倫斯脆片。也可以在同一片餅乾上抹不同顏色的巧克力，並淋上之字形花紋，做出令人驚豔的效果。

義式脆餅 (Biscotti)

這種脆硬的義式餅乾可以包裝得漂漂亮亮，也能放很多天，非常適合拿來送禮。

可做25-30片　15分鐘　40-45分鐘　可保存8週

材料

50g 無鹽奶油
100g 整顆杏仁，去殼、去皮
225g 自發麵粉，另備少許作為手粉
100g 細砂糖
2顆蛋
1小匙 香草精

1. 奶油放在小鍋內以小火融化，然後靜置冷卻。

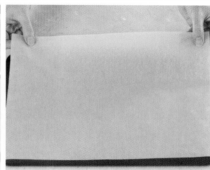

2. 烤箱預熱至180°C，烤盤內鋪烘焙紙。

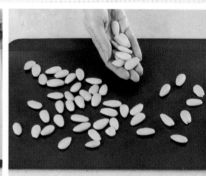

3. 杏仁放在不沾烤盤上，放進烤箱中層。

4. 杏仁烘烤5-10分鐘，直到略為上色，烤到一半時要搖晃一下烤盤。

5. 讓杏仁冷卻到不燙手，然後大致切碎。

6. 用細篩網把麵粉篩進大碗。

7. 糖和切碎的杏仁一起加入大碗中，攪拌均勻。

8. 另取一個大碗，把蛋、香草精和融化的奶油一起攪拌均勻。

9. 慢慢把蛋液倒入麵粉中，一邊用叉子攪拌。

餅乾和切塊蛋糕

10. 用手把材料揉成麵團。

11. 如果麵團太溼、不好操作，就再加點麵粉，直到可以塑形。

12. 把麵團倒在撒了少許麵粉的工作檯面上。

13. 用手把麵團搓成兩個長條，各約20cm左右。

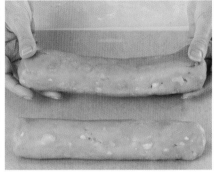

14. 放在鋪了烘焙紙的烤盤上，放在烤箱中層烤20分鐘。

15. 把長條麵團從烤箱中拿出來，稍微冷卻之後，放到砧板上。

16. 用鋸齒刀把麵團斜斜切成3-5cm厚的片狀。

17. 把餅排在烤盤上，放回烤箱再烤10分鐘，烤得更乾一點。

18. 用鏟刀翻面，再放回烤箱烤5分鐘。

19. 把義式脆餅放在網架上冷卻，讓餅乾更硬，讓水氣散掉。

冷凍 把已經冷卻的義式脆餅放在烤盤上，冷凍到硬。

裝進冷凍袋中。 **保存** 未冷凍的義式脆餅放在密封容器內，可保存一週以上。

義式脆餅

義式脆餅的幾種變化

榛果巧克力義式脆餅

麵團中加了巧克力豆,做成小朋友也喜歡的變化版。

可做25-30片　15分鐘　40-45分鐘　可保存8週

材料

100g 整顆榛果,去殼
225g 自發麵粉,過篩,另備少許作為手粉
100g 細砂糖
50g 黑巧克力豆
2顆蛋
1小匙 香草精
50g 無鹽奶油,融化後冷卻

作法

1. 烤箱預熱至180˚C,烤盤上鋪矽膠烘焙紙。把榛果放在沒有鋪紙的烤盤上,送進烤箱烤5-10分鐘,直到略為上色,半途要記得把烤盤拿出來稍微搖一下。冷卻後,放在乾淨的茶巾上搓掉多餘的皮,然後大致切碎。

2. 麵粉、糖、堅果和巧克力豆一起放進大碗,攪拌均勻。另取一個大碗,把蛋、香草精和奶油一起攪打均勻。把溼性材料和乾性材料加在一起,揉成麵團。如果太溼,就加一點點麵粉一起揉,比較好塑形。

3. 把麵團倒在撒了麵粉的工作檯面上,做成兩個長條,各長20cm、粗7cm。放進鋪了烘焙紙的烤盤,在烤箱中層烤20分鐘。烤好後取出來,稍微冷卻一下,用鋸齒刀斜切成3-5cm厚的片狀。

4. 把切好的義式脆餅放回烤箱,繼續烤15分鐘,10分鐘的時候要翻面。邊緣烤成金色、摸起來很硬的時候就是烤好了。放在網架上冷卻。

保存

放在密封容器內可保存超過1週。

巴西堅果巧克力義式脆餅

這種義式脆餅因為加了可可粉所以顏色比較深,適合在晚餐後搭配濃烈的黑咖啡。

可做25-30片　15分鐘　40-45分鐘　可保存8週

材料

100g 整粒巴西堅果,去殼
175g 自發麵粉,過篩,另備少許作為手粉
50g 可可粉
100g 細砂糖
2顆蛋
1小匙 香草精
50g 無鹽奶油,融化並冷卻

作法

1. 烤箱預熱至180˚C,烤盤上鋪矽膠烘焙紙。把堅果放在沒有鋪烘焙紙的烤盤上,烤5-10分鐘。稍微冷卻一下,再用乾淨的茶巾把多餘的皮搓掉。然後大致切碎。

2. 麵粉、可可粉、糖和堅果放在大碗裡混合均勻。另取一個大碗,把蛋、香草精和奶油攪打均勻。把溼性材料和乾性材料加在一起揉成麵團。

3. 把麵團放在撒了麵粉的工作檯面上,搓成兩條長20cm、粗7cm的圓柱型。放在鋪了烘焙紙的烤盤上,烤20分鐘。稍微冷卻一下,用鋸齒刀斜切成3-5cm厚的片狀。

4. 放回烤箱烤15分鐘,10分鐘之後要翻面,烤到摸起來很硬即可。

保存

這些義式脆餅放在密封容器內可以保存超過1週。

烘焙師小祕訣

義式脆餅那種又硬又脆的口感與烘烤的風味,是靠二度烘焙做到的。這種作法也讓義式脆餅可以保存得比較久。

開心果柳橙義式脆餅

這種芬芳的義式脆餅,搭配咖啡或沾香甜的甜酒都很美味。▶

可做25-30個　15分鐘　40-45分鐘　可保存8週

材料

100g 整粒開心果,去殼
225g 自發麵粉,另備少許作為手粉
100g 細砂糖
1顆柳橙的皮屑
2顆蛋
1小匙香草精
50g 無鹽奶油,融化並冷卻

作法

1. 烤箱預熱至180˚C。開心果撒在沒有鋪烘焙紙的烤盤上,烤5-10分鐘。冷卻,用乾淨的茶巾搓掉多餘的皮,大致切碎。

2. 麵粉、糖、柳橙皮屑和開心果一起在大碗中混合均勻。蛋、香草精和奶油則放進另一個大碗攪打均勻。把溼性材料和乾性材料加在一起,揉成麵團。

3. 把麵團放在撒了麵粉的工作檯面上,搓成2條長20cm、粗7cm的長條。放在鋪了矽膠烘焙紙的烤盤上,放在烤箱中層烤20分鐘。稍微冷卻一下,用鋸齒刀斜切成3-5cm厚的片狀。

4. 繼續烤15分鐘,10分鐘時要翻面。烤到呈金黃色、摸起來堅硬時即可。

保存

放在密封容器中可保存超過1週。

奶油酥餅（Shortbread）

奶油酥餅是經典的蘇格蘭餅乾，只能烤到微微上色，所以如果焦得太快，要用鋁箔紙蓋起來。

可做8塊　15分鐘　30-40分鐘

冷藏時間
1小時

特殊器具
18cm 活動底圓形蛋糕模

材料
150g 無鹽奶油，軟化，另備少許塗刷表面用
75g 細砂糖，另備少許撒在表面用
175g 中筋麵粉
50g 玉米粉

1. 烤箱預熱至160℃。模型內抹油，並鋪上烘焙紙。

2. 把軟化的奶油和糖一起放在大碗中。

3. 用電動攪拌器攪打至輕盈蓬鬆。

4. 把麵粉和玉米粉輕輕拌入奶油糖霜，粉類一旦融合就停手。

5. 用手按壓成非常粗糙易碎的麵團，移到模型內。

6. 用手把麵團按進去，壓成結實、厚度平均的一整片。

7. 用利刀輕輕在表面劃出八塊。

8. 用叉子在表面戳出裝飾的花紋。

9. 用保鮮膜蓋好，放進冰箱冷藏1小時。

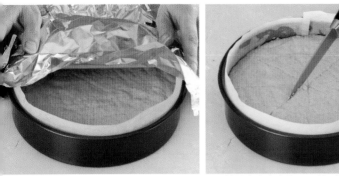  

放在烤箱中層烤30-40分鐘。如果上色太快，
用鋁箔紙蓋住繼續烤。

11. 從烤箱中拿出來後，用利刀加深原本的刻痕。

12. 趁熱均勻撒上一層薄薄的細砂糖。

13. 完全冷卻後，小心取出奶油酥餅，並沿著刻痕掰開或切成8片。　**保存** 奶油酥餅放在密封容器中最多可保存5天。

奶油酥餅的幾種變化

山胡桃沙沙酥（Pecan Sandy）

這種吃了會上癮的奶油酥餅之所以叫沙沙酥，是因為它們的口感據說就像細沙（但味道絕對不像！）。

可做18-20片　15分鐘　15分鐘

冷藏時間
30分鐘（視狀況而定）

材料
100g 無鹽奶油，軟化
50g 鬆軟的紅糖
50g 細砂糖
1/2小匙 香草精
1個蛋黃
150g 中筋麵粉，過篩，另備少許作為手粉
75g 山胡桃，切碎

作法

1. 烤箱預熱至180°C。奶油和糖用電動攪拌器在大碗裡攪打至輕盈蓬鬆。加入香草精和蛋黃，攪拌至融合。輕輕拌入麵粉和山胡桃。把材料拌成粗糙的麵團。

2. 把麵團倒在撒了少許麵粉的工作檯面上，揉成光滑的麵團，再揉成大約20cm長的條狀。如果麵團感覺太軟不好切，就放進冰箱冰30分鐘，讓麵團變硬一點。

3. 把麵團切成1cm厚的片狀，散放在2個鋪了烘焙紙的烤盤上，餅乾之間要留一些空間。放在烤箱上層三分之一處烤15分鐘，直到邊緣呈金棕色。連同烤盤一起放涼幾分鐘，然後移到網架上徹底冷卻。

保存
沙沙酥放在密封容器內可保存5天。

巧克力豆奶油酥餅

因為有巧克力豆的關係，這種奶油酥餅很受小朋友歡迎。

可做14-16片　15分鐘　15-20分鐘

材料
100g 無鹽奶油，軟化
75g 細砂糖
100g 中筋麵粉，過篩，另備少許作為手粉
25g 玉米粉，過篩
50g 黑巧克力豆

作法

1. 烤箱預熱至170°C。奶油和糖在大碗中用電動攪拌器攪打至輕盈蓬鬆。拌入麵粉、玉米粉和巧克力豆，按壓成粗糙的麵團。

2. 把麵團倒在撒了少許麵粉的工作檯面上，輕輕揉到光滑。搓成直徑6cm的長條，再切成5mm厚的餅乾。放在兩個不沾烤盤上，餅乾之間要保留一些空間。

3. 放在烤箱中層烤15-20分鐘，直到略呈金黃色。不應上色太深。放在烤盤上冷卻幾分鐘，然後移到網架上完全放涼。

保存
這種餅乾放在密封容器中可以保存5天。

大理石百萬富翁酥餅（Marbled Millionaire's Shortbread）

現代經典——無敵甜、超濃郁，正如預期。

可做16個方塊　45分鐘　35-40分鐘

特殊器具
20cm的方形蛋糕模

材料
200g 中筋麵粉
175g 無鹽奶油，軟化，另備少許塗刷表面用
100g 細砂糖

焦糖夾心
50g 無鹽奶油
50g 紅糖
400g 罐裝煉乳

巧克力糖霜
200g 牛奶巧克力
25g 無鹽奶油
50g 黑巧克力

作法

1. 烤箱預熱至160°C。麵粉、奶油和糖放在大碗中，揉搓成屑狀。模型內抹油，並鋪上烘焙紙。把奶油麵粉屑倒入模型中，用手均勻壓實。放在烤箱中層烤35-40分鐘，直到呈金棕色。連模型一起冷卻。

2. 製作焦糖：奶油和糖放在深鍋中以中火加熱融化，加入煉乳，持續攪拌至煮沸。關小火慢煮，一樣持續攪拌5分鐘，直到變濃稠、顏色也變深成淡淡的焦糖色。把焦糖倒在冷卻的奶油酥餅上，靜置冷卻。

3. 製作巧克力糖霜：牛奶巧克力和奶油一起放進耐熱的大碗，架在一鍋微微沸騰的水上，直到剛好融化，攪拌至滑順。另取一個耐熱碗，架在沸水上方融化黑巧克力，不加奶油。

4. 把牛奶巧克力倒在凝固的焦糖上，抹平。把黑巧克力以之字形倒在上面，並用一支細竹籤在兩種巧克力之間來回勾勒，做出大理石花紋。要等完全冷卻變硬之後才可以切成小方塊。

保存
這種奶油酥餅放在密封容器中可以保存5天。

烘焙師小祕訣
想做出漂亮的百萬富翁酥餅，祕訣就是要做出夠硬、切的時候不會從旁邊被擠出來的焦糖，還有可以輕鬆切開的巧克力糖霜。在巧克力裡面加奶油會讓巧克力變軟，把焦糖煮到變濃稠也有助於做出完美成品。

燕麥棒（Flapjack）

這種有嚼勁的燕麥棒是補充精力的絕佳點心，做起來也很簡單，只需要幾種櫃子裡現有的材料。

可做16-20個　15分鐘　40分鐘

特殊器具
25cm 方形蛋糕模

材料
225g 奶油，另備少許塗刷表面用
225g 鬆軟的紅糖
2大匙 轉化糖漿
350g 燕麥片

1. 烤箱預熱至150°C。在模型底部和邊緣抹上少許油。

2. 把奶油、糖和糖漿放進大的深鍋中，以中小火加熱。

3. 用木匙持續攪拌，避免燒焦。離火。

4. 拌入燕麥片，要確定燕麥片都裹上奶油糖漿，但不要攪拌過頭。

5. 把燕麥從鍋裡舀到準備好的模型中。

6. 用木匙壓緊，厚度必須大致均勻。

7. 取一大湯匙，在熱水中浸一下，然後用湯匙背面把燕麥餅的表面壓平、抹均勻。

8. 烤40分鐘，或直到呈均勻的金黃色。烤的時候可能會需要把模型轉過來。

9. 冷卻10分鐘，然後用利刀切成16個方塊或20個長方形。

餅乾和切塊蛋糕

燕麥棒在模型中放到完全冷卻，再把燕麥棒撬出來。切魚刀會是很好用的工具。 **保存** 放在密封容器內可保存1週。

燕麥棒的幾種變化

榛果葡萄乾燕麥棒

加了榛果和葡萄乾，讓燕麥棒變成有嚼勁又健康的點心。

可做 16-20個　15分鐘　30分鐘　可保存4週

特殊器具
20×25cm的布朗尼模型，或類似的模型

材料
225g 無鹽奶油，另備少許塗刷表面用
225g 鬆軟的紅糖
2大匙 轉化糖漿
350g 燕麥片
75g 碎榛果
50g 葡萄乾

作法

1. 烤箱預熱至160°C。模型內抹油，底部和側邊都鋪上烘焙紙。奶油、糖和糖漿放在大深鍋裡，低溫煮到奶油融化。離火，把燕麥片、榛果和葡萄乾都拌進去。

2. 把拌好糖漿的燕麥片倒進預備好的模型中，用力壓成緊實、平均的一層。放在烤箱中層烤30分鐘，直到呈金棕色且邊邊的顏色稍微變深。

3. 留在模型中冷卻5分鐘，用利刀切成方塊。在模型裡放到完全冷卻之後，再用切魚刀取出來。

保存

這種燕麥棒放在密封容器中可保存1週。

烘焙師小祕訣

這款燕麥棒加了堅果和葡萄乾，所以更健康，而且跟燕麥餅乾一樣（見第140-142頁），也可以再加一把南瓜子或葵花子。不過雖然材料很健康，但裡頭含有奶油，所以燕麥棒也是一種高油點心。

櫻桃燕麥棒

這份食譜以櫻桃乾取代比較常見的葡萄乾或淡黃無子葡萄乾等水果乾，是一種不尋常的選擇。▶

可做18個　15分鐘　25分鐘

冷藏時間
10分鐘

特殊器具
20cm方形蛋糕模

材料
150g 無鹽奶油，另備少許塗刷表面用
75g 鬆軟的紅糖
2大匙 轉化糖漿
350g 燕麥片
125g 糖漬櫻桃，切成四瓣，或是75g 櫻桃乾，大致切碎
50g 葡萄乾
100g 白巧克力或牛奶巧克力，掰成小塊，做淋醬用

作法

1. 烤箱預熱至180°C。蛋糕模型內抹少許油。奶油、糖和轉化糖漿放在中型深鍋裡用小火加熱，攪拌至融化。離火，加入燕麥片、櫻桃和葡萄乾，攪拌至均勻混合。

2. 把拌好的燕麥片放進模型中壓緊。放在烤箱頂層烤25分鐘。拿出來，連同模型一起稍微放涼，用刀切成18塊。

3. 燕麥棒完全冷卻後，把巧克力放在小的耐熱碗中，架在一鍋微微沸騰的水上面。碗底不可碰到水面，就這樣讓巧克力融化。用小湯匙把融化的巧克力淋在燕麥棒上，冰10分鐘或直到巧克力凝固。用切魚刀把燕麥棒從模型中取出來。

保存

這種燕麥棒放在密封容器中可保存1週。

黏黏椰棗燕麥棒

這份食譜用了大量的椰棗，因此帶有太妃糖般的風味，口感溼潤美妙。

可做16個　25分鐘　40分鐘

特殊器具
20cm 方形蛋糕模
果汁機

材料
200g 去核椰棗，切碎
1/2小匙 小蘇打
200g 無鹽奶油
200g 鬆軟的紅糖
2大匙 轉化糖漿
300g 燕麥片

作法

1. 烤箱預熱至160°C。模型內鋪上烘焙紙。把椰棗和小蘇打放在鍋子裡，加入剛好蓋過椰棗的水，小火煮5分鐘，然後瀝乾，但水要保留。放進果汁機，加3大匙煮椰棗的水，打成泥備用。

2. 把奶油、糖和糖漿放在大鍋中融化，攪拌均勻。拌入燕麥片，然後把一半的燕麥片放入模型中。

3. 將椰棗泥倒在模型裡的燕麥片上面，再把剩下的糖漿燕麥鋪上去。烤40分鐘或直到呈金棕色。和模型一起冷卻10分鐘，然後用刀切成16塊。燕麥棒留在模型裡放到完全冷卻，再用切魚刀取出來。

保存

這種燕麥棒放在密封容器中可保存1週。

巧克力榛果布朗尼
（Chocolate and Hazelnut Brownie）

這道布朗尼是經典的美式食譜，中間溼潤柔軟，但表層酥脆。

可做24個　25分鐘　12-15分鐘

特殊器具
23×30cm的布朗尼蛋糕模型，類似的模型亦可

材料
100g 榛果
175g 無鹽奶油，切丁
300g 優質黑巧克力，掰成碎塊
300g 細砂糖

4顆大的蛋，打散
200g 中筋麵粉
25g 可可粉，另備少許篩在表面用

1. 烤箱預熱至200°C，把榛果撒在烤盤上。

2. 榛果放進烤箱烤5分鐘，烤到變成咖啡色，小心不要烤焦了。

3. 從烤箱中取出，放在乾淨的茶巾上，搓掉外皮。

4. 把榛果大致切碎，大小不必太均勻。備用。

5. 在蛋糕模型底部和側邊都鋪上烘焙紙，紙張大小要超過模型、並有部分留在外面。

6. 把奶油和巧克力放在耐熱大碗裡，架在一鍋微微沸騰的熱水上。

7. 讓奶油和巧克力融化，不斷攪拌至滑順。從鍋子上取下，靜置冷卻。

8. 巧克力奶油冷卻後，加糖攪拌至完全均勻。

9. 內蛋液一點一點加進去，每次都要完全攪拌均勻之後再繼續加。

餅乾和切塊蛋糕

. 篩入可可粉和麵粉，篩子舉高一點，讓空氣
入。

11. 輕輕拌勻，直到麵糊滑順，沒有結塊的麵粉團。

12. 加入碎榛果攪拌均勻，麵糊應該要很稠。

. 把麵糊倒進準備好的模型中，均勻填滿四個落，表面也要鋪平。

14. 烤12-15分鐘，或烤到表面摸起來很結實、但底下還是軟軟的。

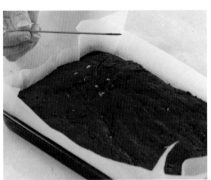

15. 用長籤戳進去，拔出來時應該會沾上一點點麵糊。從烤箱中拿出來。

. 連模型一起放到完全冷卻，讓中心維持柔。

17. 利用留在模型外面的烘焙紙把布朗尼提起來。

18. 用銳利的長刀或鋸齒刀在布朗尼表面劃出24等分。

. 燒一壺開水，把水倒進淺盤，放在手邊。

20. 把布朗尼切成24塊，每次下刀之後都要擦乾淨，並把刀身在熱水裡浸一下。

21. 把可可粉均勻篩在布朗尼表面。 **保存** 放在密封容器中可保存3天。

布朗尼的幾種變化

酸櫻桃巧克力布朗尼

酸櫻桃乾酸溜溜的風味、有嚼勁的口感，和濃郁的黑巧克力形成美妙的對比。

可做16塊　15分鐘　20-25分鐘

特殊器具
20×25cm的布朗尼模型，類似的模型亦可

材料
150g 無鹽奶油，切丁，另備少許塗刷表面用
150g 優質黑巧克力，掰成小塊
250g 鬆軟的粗製黑糖
150g 自發麵粉，過篩
3顆蛋
1小匙 香草精
100g 酸櫻桃乾
100g 黑巧克力塊

作法
1. 烤箱預熱至180°C。布朗尼模型抹上油，並鋪上烘焙紙。把奶油和巧克力放在耐熱大碗中，架在一小鍋微微沸騰的熱水上融化。融化之後移開熱源，加糖並攪拌到完全均勻。稍微冷卻一下。

2. 把蛋和香草精拌入巧克力醬中，再把溼性材料拌入篩好的麵粉攪拌均勻，小心不要攪拌過頭。加入酸櫻桃和巧克力塊拌勻。

3. 把布朗尼麵糊倒入模型中，放在烤箱中層烤20–25分鐘。當邊緣已經很結實但中間摸起來還軟軟的時候，就是烤好了。

4. 布朗尼放在模型裡冷卻5分鐘，再取出切塊。放在網架上冷卻。

保存
在密封容器中可以保存3天。

烘焙師小祕訣
布朗尼的質地其實全看個人喜好。有些人喜歡溼軟到會散掉的，有些人則喜歡結實一點的蛋糕。如果你喜歡溼潤柔軟的蛋糕，可以把烤的時間縮短一點點。

核桃白巧克力布朗尼

這款布朗尼的中心有點軟，是誘人的下午茶點心。

可做16個　10分鐘　1小時15分

特殊器具
20cm 方型蛋糕深模

材料
25g 無鹽奶油，切丁，另備少許塗刷表面用
50g 優質黑巧克力，掰成小塊
3 顆蛋
1大匙 透明蜂蜜
225g 鬆軟的紅糖
75g 自發麵粉
175g 核桃
25g 白巧克力，切碎

作法
1. 烤箱預熱至160°C。模型內抹上少許油，或在底部與側邊鋪上烘焙紙。

2. 黑巧克力和奶油放進耐熱小碗，架在一鍋微滾的沸水上融化，不時攪拌。不要讓碗碰到水面。巧克力融化後，把碗從鍋子上取下，稍微放涼。

3. 蛋、蜂蜜和紅糖一起打散，邊打邊慢慢加入巧克力溶液。篩入麵粉，加入核桃和白巧克力，所有材料輕輕拌勻。把拌好的麵糊倒入模型中。

4. 放進烤箱烤30分鐘。鬆鬆地蓋上鋁箔紙，再繼續烤45分鐘。中心應該還是會有點軟。連同模型一起放在網架上徹底冷卻。冷卻之後再脫模放在砧板上，切成小方塊。

保存
放在密封容器中可以保存5天。

白巧克力夏威夷豆布朗迪（White Chocolate Macadamia Blondie）

布朗尼向來受歡迎，布朗迪則是用白巧克力做的版本。

可做24塊　15分鐘　20分鐘

特殊器具

20x25cm 的布朗尼蛋糕模，類似的模型亦可

材料

300g 白巧克力，掰成碎塊
175g 無鹽奶油，切丁
300g 細砂糖
4顆大的蛋
225g中筋麵粉
100g 夏威夷豆，大致切碎

作法

1. 烤箱預熱至200˚C。模型底部和側邊都鋪上烘焙紙。把耐熱的碗架在一鍋微微沸騰的水上，不可讓碗碰到水面。在碗裡融化巧克力和奶油，不時攪拌，直到巧克力滑順。把大碗拿下來，冷卻20分鐘。

2. 巧克力一融化就加糖拌勻（巧克力醬可能會變得濃稠又有顆粒，不過加了蛋就可以稀釋。）每次加入一顆蛋，用球型打蛋器打均勻後再加下一顆。篩入麵粉，輕輕拌勻，然後拌入堅果。

3. 把麵糊倒入模型，均勻抹平，四個角也要推滿。烤20分鐘，或直到表面摸起來感覺結實、但底下還是軟的。留在模型裡放到完全冷卻，再切成24個方塊，或是切成比較少但比較大塊的長方形。

保存

放在密封容器中可以保存5天。

索引

索引

索引

關於作者

卡洛琳・布萊瑟頓早年是活躍於伸展臺的模特兒，後來投入她所喜愛的餐飲產業，1996年成立曼納食品公司（Manna Food）。她講求新鮮、有格調、無負擔的飲食方式，很快受到廣大追隨者的喜愛，她的外燴服務客群從名人、藝廊、劇院，到時尚雜誌、產業尖端的公司行號都有。隨後她又在倫敦開了曼納咖啡，是一間全日供餐的餐坊。多年來，電視臺各式各樣的美食節目會邀請她作為來賓或主持人，分享她的餐飲與烹飪長才。布萊瑟頓自己也出書、定期供稿給《週末泰晤士報》（The Times on Saturday）雜誌。閒暇時，她會在倫敦住家附近的城市菜園栽種蔬果和香草，也會四處尋覓適合入菜的野生食材。她的先生路克（Luke）是學界人士，兩人育有一雙兒子，加布利耶（Gabriel）和艾薩克（Issac），他們都很樂意為母親擔任本書的食譜試吃員。

謝誌

作者要感謝

DK出版社的瑪莉－克萊兒（Mary-Clare）、唐恩（Dawn）和阿拉斯特（Alastair）對這項艱鉅任務的協助和鼓勵，還有DM的巴拉・嘉森（Barra Garson）及所有工作人員對我的協助。最後要感謝我的家人和朋友，謝謝他們給我這麼大的鼓勵，而且胃口這麼好！

DK出版社要感謝

以下各位在攝影方面的協助

美術指導

妮基・柯林斯（Nicky Collings）、米蘭達・哈維（Miranda Harvey）、路易斯・佩羅（Luis Peral）、麗莎・佩提波恩（Lisa Pettibone）

道具指導

唐偉（Wei Tang）

食物造型師

凱特・貝林曼（Kate Blinman）、蘿倫・歐文（Lauren Owen）、丹尼斯・斯馬特（Denise Smart）

家政助理

艾蜜莉・強生（Emily Jonzen）

本食譜步驟教學中所使用的器具皆由Lakeland慷慨提供。若有任何烘焙需求，請至www.lakeland.co.uk

凱洛琳・迪索沙（Caroline de Souza）定調本書藝術方向、確立靜態攝影風格。

桃樂絲・琪康（Dorothy Kikon）在編輯方面的協助，以及安納米卡・洛伊（Anamica Roy）在設計方面的協助。

珍・艾莉絲（Jane Ellis）校對與蘇珊・波珊克（Susan Bosanko）整理索引。

感謝下列人士對美國版的貢獻：

顧問

凱特・柯尼斯（Kate Curnes）

美語化部分

妮蔻・默福德（Nicole Morford）及肯尼斯・希克羅（Kenny Siklòs）。

並感謝史提夫・克羅澤（Steve Crozier）潤色。